全国高等院校艺术设计类"十四五"精品规划教材
普通高等教育艺术设计应用型与创新系列教材

家具设计

王　纯　章文熹　梁小雨　胡雨霞　编著

WUHAN UNIVERSITY PRESS
武汉大学出版社

图书在版编目(CIP)数据

家具设计 / 王纯等编著. -- 武汉 : 武汉大学出版社, 2025. 1. -- 全国高等院校艺术设计类"十四五"精品规划教材 普通高等教育艺术设计应用型与创新系列教材. -- ISBN 978-7-307-24775-8

Ⅰ. TS664.01

中国国家版本馆 CIP 数据核字第 2024RG2669 号

责任编辑:徐胡乡   责任校对:汪欣怡   装帧设计:高 蓬 韩闻锦

出版发行:**武汉大学出版社** (430072 武昌 珞珈山)

(电子邮箱:cbs22@whu.edu.cn 网址:www.wdp.com.cn)

印刷:湖北金海印务有限公司

开本:787×1092 1/16 印张:12.25 字数:257 千字

版次:2025 年 1 月第 1 版 2025 年 1 月第 1 次印刷

ISBN 978-7-307-24775-8 定价:58. 80 元

前　言

　　艺术设计教育40余年来，高校各艺术类专业相继开设家具设计专题课程，一是出于家具自身独有的特性；二是教学从理论入手，能较好地介入实验、实践及验证等全过程，即对材料色彩、结构工艺、制作构造、比例尺度、功能形态、使用方式、审美情趣等进行新的探索，使学习更具特色与代表性；三是日新月异的3D数字艺术、3D数字技术，使创意、创新的实现更便捷，同时家具设计还具有对生态环保材料的应用与研究的特殊意义。因此，从实用到新材料、新工艺、新审美、新价值、新生活理念的探索中，家具设计的学习集可变性、可操作性、可实现性于一体，延伸和扩展着对学习设计的新认知。

　　本教材编写有以下几大特色：一是改变了家具及家具设计的表述方式，以时间为轴将东西方家具发展的特征进行讲述，让学习者对东西方家具及家具设计的发展有一个初步与清晰的认识与了解。二是归纳调整了各章节之间的关联性，对收集的图文资料进行整理、强化，使对应的各个章节形成清晰的概念特性及创新的设计特性。三是站高思远。以编者自己及指导的学生的作业（作品）提出与大师的对话，解析大师引领性的设计观点，以及在创新、技术、材料、结构、工艺等方面的研究特性，审美与文化的传播特性，市场与需求的应用特性等，分析我们在设计中的优势与不足，并提出教学及实践的新思考。

本教材结合现代教育发展要求，从社会服务的角度、个性化设计的角度，体现了新时代中国经济、科技、文化发展特色，适合高职高专及本科教学等使用。本教材从专业学习与拓展上合理地融入了课程思政等内容，对于社会具有一定的引导作用。

本教材的编写初衷既简单又复杂，编写团队的教学经历从 10 年到 40 年不等，有年老的教师，也有年轻的教师，对此都有情感、有体会、有喜悦、有不舍、有遗憾。团队一起拾取，将经验与体会、思考与探索，认真地整理完成，也希望通过不一样的方式与方法去引导学习者，激发其真实的潜力。

本教材中的案例主要是本书作者指导的学生课程作业和毕业设计，另也从各类信息网站、平台收录了大量的图文资料，在此对这些作者一并表示感谢！

作者

2024 年春于南湖

目　录

第一章　概述　　　　　　　　　　　　　　　　　　　　/ 1

第一节　家具的定义　　　　　　　　　　　　　　　　　/ 1

第二节　家具的由来与发展脉络　　　　　　　　　　　　/ 8

第三节　家具设计的意义与作用　　　　　　　　　　　　/ 25

第二章　家具的类型　　　　　　　　　　　　　　　　　/ 29

第一节　家具的分类解析　　　　　　　　　　　　　　　/ 29

第二节　家具的形态+/材料+/色彩+扩展类型解析　　　　/ 53

第三节　纸材家具类型解析　　　　　　　　　　　　　　/ 60

第三章　家具的人—机—环境特性解析　　　　　　　　/ 65

第一节　家具与人、家具与环境、人与环境　　　　　　　/ 65

第二节　家具—人—环境的比例尺度　　　　　　　　　　/ 67

第四章　家具造型设计基础与形式美法则　　　　　　　/ 71

第一节　家具设计的构成要素　　　　　　　　　　　　　/ 71

第二节　形式美法则概述　　　　　　　　　　　　　　　/ 76

第三节　家具设计的形式美法则应用解析　　　　　　　　/ 77

第五章　家具设计的创意思维与方法　／94

第一节　创意思维与方法　／94

第二节　创意思维的几种基本方法　／96

第三节　创意思维扩展应用图解　／106

第六章　家具设计的程序与方法　／108

第一节　家具设计的基本程序与方法　／108

第二节　创新家具设计实践流程　／113

第七章　家具设计+　／122

第一节　家具设计+　／122

第二节　设计对话+　／132

第三节　设计构想与实现　／141

第八章　家具设计与市场　／160

第一节　设计与市场　／160

第二节　中国原创家具设计师及家具品牌　／172

附录　家具设计教学课程　／184

参考文献　／187

第一章 概　　述

【重点】

了解家具发展历程，明晰用设计创造合理的生活方式的意义。

【难点】

对中国家具发展历程，以自己了解与理解的进行观念表达。

第一节　家具的定义

一、家具的基本定义

"家具"，《辞源》记载即"家用的器具"。"家具"英文 furniture ，源于法文 fourniture，即"装备""设施"。"家具"拉丁语 Mobilis，意思是可移动的(movable)。

家具的基本定义：人们日常生活及进行劳动生产所需的器具，与人的衣食住行息息相关，为户内与户外的生活、工作、学习、娱乐提供坐卧、倚靠、收纳等作用。

随着人类经济、文化、科技的发展，面向大众的家具设计的类型、使用形式及需求特性都发生着变化。这里结合马斯洛的"需求层次论"对家具从使用需求与设计服务的角度进行概括性的解析(如图 1-1)。

从使用者的角度来看，作为生活与学习中非常重要的器具，家具与人的关联最为密切。在人类文明发展的各阶段，家具的使用特性、功能特性、工艺特性、材料特性、审美特性及消费价值观、审美价值观体现着为人服务的本质特性，从生理到心理、从物质到精神、从生存到生态，设计改变着我们的生活，也引领着我们的生活。

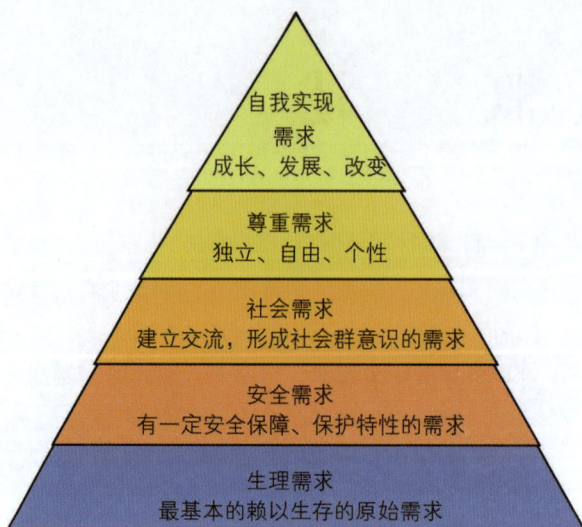

图 1-1 马斯洛需求层次论

从设计者的角度来看，家具设计是一种创造性的活动，作为既是使用者又是设计执行者与引领者的设计师，如何用好的设计理念、好的设计方法与手段去提升使用者的需求并引导消费是关键。家具的人性化设计、趣味设计、仿生设计、概念设计及环保理念的可持续设计可结合马斯洛需求层次论，考虑人类需求与社会发展更多的问题，并提出更多的、可行的解决问题的设计及方法。

二、家具的属性

家具有着物质与精神的双重属性，其使用功能特性、材料工艺特性、技术审美特性等涉及美学、心理学、社会学、工程学、营销学，有着人、机、环境相互协调的特性，并随时代发展而变化(如图 1-2)。

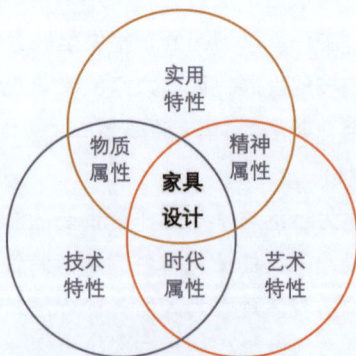

图 1-2 家具的属性关联图

1. 家具的物质属性

家具的物质属性包含其内在与生活室内空间形成的关联，外延与建筑环境空间形成的关联，所以家具是既可独立又可融合的一种空间存在形式，具有极强的固有特性与延展特性。家具的材料、工艺、色彩、装饰、表面处理、结构及造型都是家具设计最基础的物质条件，只有合理有效地利用与应用，才能发挥其物质的最佳特性。如图 1-3 所示，即依自然的物形，依势态及人的本能行为与原始需求，对物进行认知及需求的转换。而图 1-4 则体现了传统造物智慧，人初始的造物行为活动形成新的需求形态特性，在这一形态特性基础上，从行为引导造物开始，物体便有了新的可能。

图 1-3　家具固有的原始特性

2. 家具的精神属性

家具的精神属性包含人文精神及文化与文明传承精神。经过数千年的变迁，家具每个时期所呈现出的风貌特色，都被生活真实地记载，形成可循的有传播与传承意义的文化脉络。家具的文化特性具有很强的地域性、民族性及时代性。不同地域的自然资源、生活习俗影响并形成了有共同性和差异性的家具品类与使用方式，如席地而坐的习俗所产生的家具需求，安定与流动所产生的家具需求，南北气候环境差异所产生的家具需求

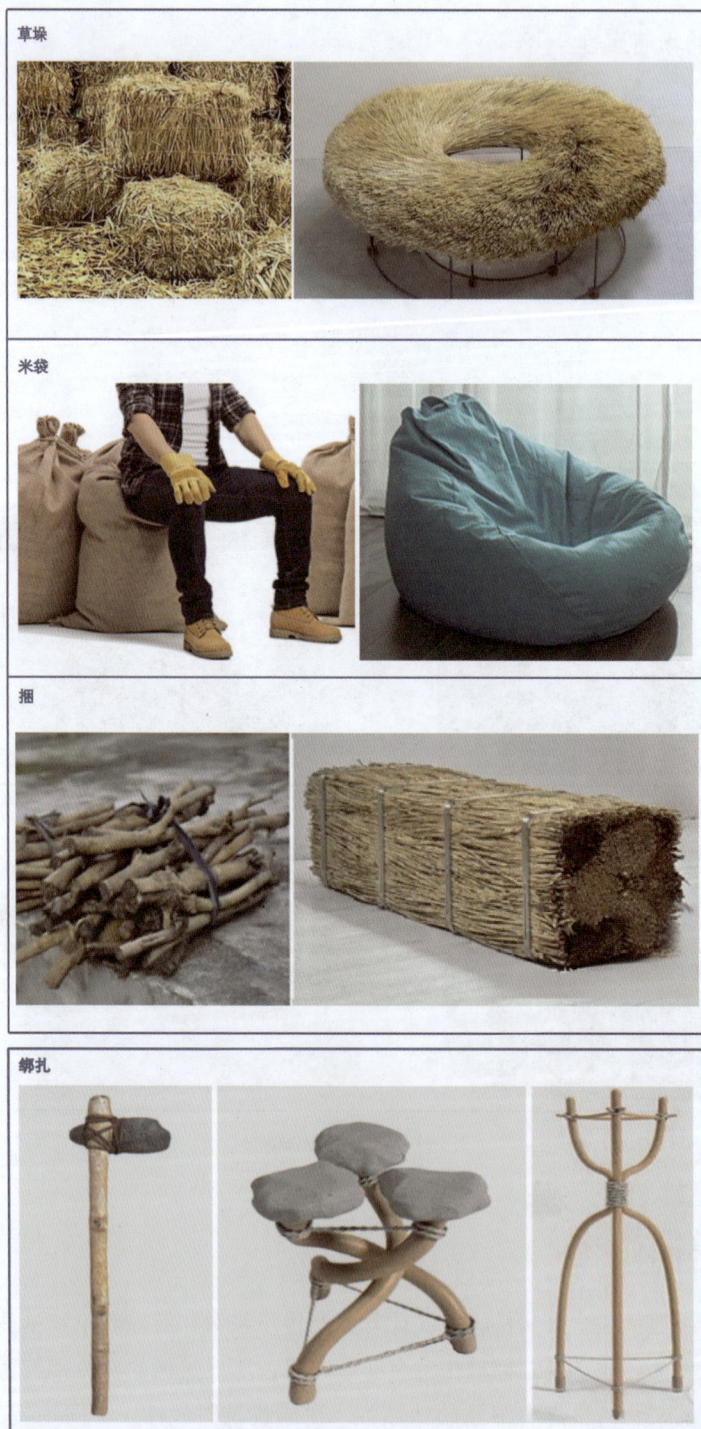

图 1-4　家具的变化发展特性

及生存与生活品质的提升而产生的家具需求等，在社会发展中都呈现出独具特色的文化特性，这种文化特性承载着家具的文化与精神内涵。

在很多传统绘画、壁画中，记载着与那一时期的社会发展状况、文明文化程度及生活习俗有关的家具。如图1-5即为南宋苏汉臣的《秋庭婴戏图》(局部)，体现了文化与文明传播的家具设计。

图 1-5 文化与文明传播的家具设计

3. 家具的时代属性

在物质属性及精神属性外，家具还有着极强的时代属性。在每一个历史阶段，随着社会的进步、人们需求的变化及经济的发展，都会形成和产生很多新的家具形式，包括行为特性变化的家具、形态特性变化的家具、功能特性变化的家具、材料特性变化的家具、工艺特性变化的家具等，这些都改变和影响着我们的生活方式。图 1-6 即体现了由席地而坐到垂足而坐的转变，图 1-7 体现了家具的时代属性。

图 1-6　行为及形态特性转变的家具图解

（1）钢制家具（1850 年至今）

钢制家具是传统的木器时代向金属塑料时代的转变，其特性是可通过机械化大规模批量生产，可塑造性强，坚固耐用，普及性强。

（2）塑料家具（1830 年至今）

潘顿椅由丹麦设计大师维纳尔·潘顿研制，是历史上第一把一体化、注塑成型的椅子，在造型与功能上摒弃了椅子必须有四条腿的稳定特性；流体悬臂构造及符合人体舒适特性的曲线，挑战着材料与工艺的可行性，是塑料应用的一次革命性尝试。

（3）曲木家具（1830 年至今）

曲木家具解决了传统曲木加工对原材料的要求，人造复合胶合板被完好地加以应用；材料与加工工艺的特殊性使其造型简约流畅，为探求家具的新功能形态提供了新的可能。

（4）模块化家具（20 世纪初至今）

模块化家具是适合现今生活节奏及物质所拥有的特性，从而形成的一种对空间新需求进行系列性组合与变化的标准性通用模式，即用简单的元素服务生活新需求的变革。其特点有：一是以少变应多变，灵活、简便、易操作，经济适用。二是智能模块化。

（5）3D 打印家具（21 世纪）

3D 打印家具是材料与工艺的一次革命性转变，它不受形态、空间的限制，应用之初是实现创意的前端手段，现今能完成很多种材料的打印，应用领域与前景非常广阔。

钢制家具

塑料家具

曲木家具

模块化家具

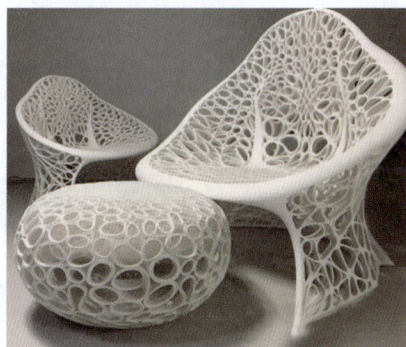

3D 打印家具

图 1-7 家具材料、工艺变化的时代特性

第二节 家具的由来与发展脉络

根据东西方家具设计的历史进程及发展脉络，概括性地阐述家具设计发展的观念意识、文化特性、技术工艺、风俗习惯，理解感悟家具设计的基本脉络及对发展的思考。

一、古代家具发展概况

1. 中国传统家具

中国传统家具的历史可追溯到史前至春秋时期的家具(史前—公元前476年)，从殷商发展到明清时代的3500年间，中国传统家具的发展大致经历了以下几个阶段。

(1)商、周、秦、汉

该时期为家具发展普及时期，席地跪坐的习惯依然存在，大多数家具较低矮，此时由于受佛教和北方游牧民族的影响，席地跪坐的习惯渐渐向垂足而坐的生活习惯过渡。常用的家具类型有床、几、案、榻、奁、柜、屏风、衣架等。

理念——神秘威严、图腾崇拜。

工艺——漆饰、雕刻、镶嵌、分铸、石蜡铸造。

装饰——饕餮纹、夔纹、云、雷、回纹、蟠螭。

（2）魏、晋、南北朝

魏晋是家具发展承前启后的变革时期，各民族间文化、经济的交融对家具发展起到了促进作用。垂足而坐的习惯开始形成，起居方式发生变化，对于家具呈现出新的需求。

（3）隋、唐、五代

隋唐是我国家具史上重要的转型时期，垂足而坐成为一种趋势，高型家具迅速发展，家具设计呈现出新的风格与形式，其种类也开始丰富，包括坐卧类(架子床、椅、凳、墩、榻)，凭倚类(几、案、桌、镜台)，架具类(衣架、盆架、巾架、灯架)，储藏类(柜、箱、笥)，隔断类(屏风、玄关)，并形成了高型家具的完整组合。

理念——本民族文化及外来文化的融会。

装饰——彩绘、织锦。

工艺——细腻高挑、温雅。

造型——浑圆、端庄、华丽。

（4）宋、元家具

宋元时期，我国起居方式由席地跪坐转变为垂足而坐，这种转变促使家具尺度由矮型向高型的发展，可以看到这一时期的家具由箱型结构向梁柱式框架结构转变，各项工艺技术也更成熟。宋元是我国家具史上推陈出新的启蒙时期，家具的人文审美与技术积淀为明清家具的巅峰发展奠定了基础。

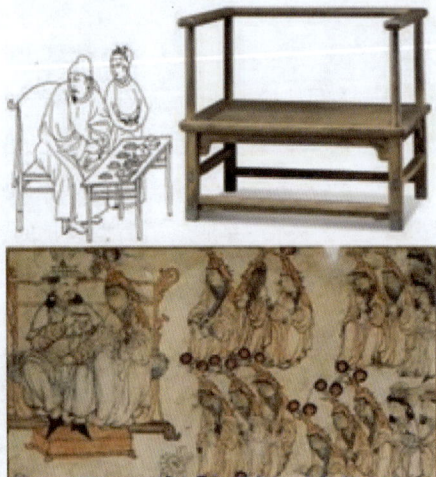

习俗——由席地而坐变为垂足而坐。

装饰——纹样多与佛教有关，以质朴元素为装饰。

工艺——榫卯结构、精细。

造型——淳朴纤秀、雅致简洁。

（5）明式家具

该时期为家具发展形成独特风格的时期，家具的种类齐全，款式繁多，而且用材考究，造型朴实大方，制作严谨准确，结构合理规范，设计逐渐趋于稳定，将中国古代家具发展推向顶峰。材料以质地坚硬、强度高、细腻、色泽和纹理优美的硬质木材为主，造型洗练明快、挺拔秀丽，精致清雅、刚柔相济，含蓄平实，并充分发挥硬质木材的自然纹理与属性，达到材料工艺、形态功能的和谐统一。

理念——自然和谐。

造型——线为主，注重比例尺度，形态匀称协调。

工艺——木构架，榫卯结构，不使用钉子和胶。

装饰——腊饰、漆饰、金属配饰、攒边。

（6）清代家具

　　该时期为家具的繁荣发展时期，整体造型浑厚、庄重，气度宏伟，一改前代家具秀丽实用的淳朴气质。在装饰上追求富丽华贵，求多、求满；在材料工艺上，采用雕（透雕、浮雕、圆雕）、嵌（螺钿、宝石、金银）、描金、堆砌等，通体装饰（满雕、满饰、珐琅），工艺精湛，雍容典雅；在纹饰题材上也非常丰富，形成了清代家具的独特风格。

理念——富丽奢华、精美华丽。

造型——浑厚、庄重，用料宽绰。

装饰——雕刻、镶嵌、描金、木石组合。

工艺——多种材料并用，多种工艺结合。

2. 西方传统家具

西方传统家具以古埃及、古希腊、古罗马为代表，公元前 16 世纪—公元 5 世纪，作为欧式家具的雏形，古埃及、古希腊、古罗马时期家具开始产生并得到创新发展。在古埃及时期，较常见的家具有桌椅、榻、折凳等，多采用木板或藤编制而成，座椅腿部多为动物腿造型。

(1) 古希腊、古罗马

古希腊家具延续古埃及家具的样式，但公元 5 世纪时产生的镟木技术使桌椅形式变得更加自由，并开始运用曲线的设计。古罗马家具多由古希腊古典家具演化而来，这一时期的家具带着奢华的风貌，造型与装饰上具有坚厚凝重、严谨肃穆、端庄华丽的特点，体现出罗马帝国的强盛。

理念——体现美与和谐。

造型——线条流畅、简洁，优美舒适。

工艺——简单的弯曲和青铜铸造技术。

装饰——动物及拟人兽图案。

(2) 中世纪拜占庭

拜占庭家具是古罗马家具风格的延续，融合了希腊文化的精美艺术和东方宫廷的华贵表现形式。造型僵直、庄重，以显示神威。

理念——宗教神权。

造型——僵直、庄重以显示神权。

装饰——浮雕、镶嵌、几何纹饰。

（3）仿罗马家具

仿罗马家具是仿罗马式建筑的缩影，在造型与装饰上模仿古罗马建筑的连环拱构件及装饰元素。

理念——崇拜、复古。

装饰——兽爪、兽头、百合花、旋木。

（4）哥特式家具

12—14世纪盛行于法国、流行于欧洲的哥特式艺术风格，是神圣教堂建筑的延续与扩展。哥特式家具刚直挺拔、精致庄严，体现出神权特性，代表作有马丁国王银制座椅、哥特式教堂座椅。

理念——注重建筑与室内外事物风格的统一。

造型——尖顶拱券、细直精致。

装饰——浅浮雕、透雕、窗花格。

工艺——嵌板、垂直回转开合。

（5）文艺复兴时期家具

文艺复兴14世纪在意大利兴起，16世纪盛行于欧洲，是延续到17世纪的一场思想文化运动，这也是中古时代与近代的分界及欧洲新经济、新文化思潮发展的转型阶段。这一时期的家具以古希腊、古罗马风格为基础，富有人情味和生活气息的装饰题材取代了原宗教装饰题材，代表作品有但丁椅（折叠扶手椅）、萨伏那罗拉椅。

理念——突破哥特时期的箱式座椅，轻便。

造型——对称、曲线、高足、奢华。

装饰——雕刻、绘画、镶嵌。

工艺——精湛的木工技艺，利用金属装饰和加强结构。

（6）巴洛克时期家具（路易十四式）

巴洛克风格起源于17世纪的意大利天主教堂，这是一种生机勃勃、富丽堂皇、虚饰奢华与外表夸张的装饰风格。

理念——展现教会与君主至高无上的权力、地位与财富。

造型——形象复杂、纤细、夸张。

装饰——图腾、涡卷饰、人、动物、花叶等。

(7)洛可可时期家具(路易十五式)

洛可可风格常被认为是巴洛克风格的延续。洛可可风格是一种无拘无束的装饰式样，它不再像巴洛克风格那样讲究排场，而是开始注重舒适、优雅与实用功能，出现凹凸有致的曲线，轻巧的尺寸也更适合于空间的应用，家具的形式与室内陈设及装饰趋于一致。

理念——室内家具与装饰的一致性。

造型——精细优美的曲线框架及适宜人体的尺度。

装饰——织锦、珍木贴片、表面镀金。

(8)新古典家具(路易十六式、英国维多利亚式及德国新古典主义风格等家具)

新古典家具是对洛可可时期过度虚饰奢华的装饰进行反叛性重组，这一时期的家具理性，讲究节制，细节装饰减少，避免繁杂的雕刻和矫揉造作的堆砌，做工考究，造型精炼而朴素。

这一时期家具设计的代表人物有：乔治·赫普怀特、托马斯·舍兰顿、让-亨利·雷瑟奈、赫巴怀特、谢拉顿、法兰索·欧本、亨利·里森尔、亚当·魏斯魏勒。

理念——打破约束，对古典不盲目追求，注重适用。
造型——线条简洁流畅、朴素雅致、整体比例协调。
装饰——细部刻槽平雕、绣花天鹅绒、锦缎软垫。

二、近现代家具发展概况

1870—1945 年，家具设计主流派别是风格派和包豪斯学派。新艺术运动和装饰艺术运动在当时具有相当大的影响力，对家具设计产生了重要影响。

1. 家具流派发展

(1) 功能主义

工业革命初期，混乱的复古装饰席卷整个欧洲，这一时期也涌现出一批探索新技术、新生产方式的家具设计，既经济又合理适用，给人们的日常生活、工作带来便利。

代表作品有麦克尔·索耐特的维也纳咖啡馆椅、波帕德椅子、Thonet14 曲木椅。

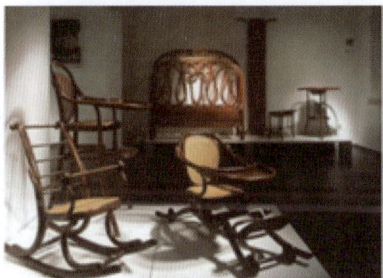

理念——对材料的突破。

造型——优雅、轻巧，功能和美观结合得天衣无缝。

工艺——压力弯曲木片、木条，多层木片叠合弯曲，再用动物胶固形。

（2）新艺术运动

新艺术运动是 19 世纪末 20 世纪初发生在欧洲和美国等地的一次影响力较大的艺术运动，其内容涵盖建筑、家具、首饰、平面设计等，是设计史上一次重要的运动。它继承了艺术与手工艺运动的理念，是一次承上启下的艺术运动，涉及法国、比利时、西班牙、德国、奥地利等多个国家，对这一时期的家具设计产生了重大影响。

代表作品有查尔斯·雷尼·麦金托什的高背椅("山丘之屋"），赫克托·吉马德的咖啡茶几。

理念——注重功能与形式，抛弃虚饰。

造型——几何直线、简单明快的曲线。

工艺——雕刻、铸铁、珐琅等装饰工艺。

（3）工艺美术运动

工艺美术运动是 19 世纪 60 年代起源于英国的一场在艺术与技术之间谋求平衡的设计运动，广泛影响了欧洲大陆的部分国家。这场运动的理论指导是约翰·拉斯金，主要实践者是艺术家、诗人威廉·莫里斯（被后人尊为现代艺术设计之父），运动提出了"美与技术结合"的原则，主张美术家从事设计，反对纯艺术，为之后的设计运动奠定了基础。

代表作品有威廉·莫里斯的圣乔治柜，约翰·拉斯金的苏塞克斯椅，格林兄弟的扶手椅，以及温莎椅、耐特椅、斯蒂克利椅、莫里斯椅。

理念——注重审美性、适用性和舒适性。

造型——自然形态的曲线，摒弃繁琐的装饰。

工艺——手工纹饰，使用天然材料如木材，强调可持续性和环保性。

（4）风格派

风格派是 1917—1931 年发生在以荷兰为中心的一场国际艺术运动。风格派艺术从立体主义走向完全抽象，它对于 20 世纪的现代艺术、建筑学和设计产生了持久的影响。

代表作品有蒙德里安的"红黄蓝"，里特·维尔德的"红篮椅"（荷兰–风格派）。

理念——采用纯净的立方体、几何形以及垂直或水平的面来塑造。

工艺——嵌板、架构、批量生产。

造型——几何构造、平面涂饰。

（5）装饰艺术运动

装饰艺术运动是指 20 世纪 20—30 年代的欧美设计革新运动，源于 1925 年在巴黎举行的世界博览会。20 世纪 20 年代初为欧洲主要的艺术风格，1928—1930 年在美国流行，成为一种国际流行的设计风格，影响到建筑设计、室内设计、家具设计、工业产品设计、平面设计、纺织品设计和服装设计等各个方面，与世界的现代主义设计运动几乎同时发生，于 20 世纪 30 年代后期在欧洲大陆结束。

唐纳德·德斯基是典型代表人物，该时期的代表作品有保罗·西奥多·佛兰克尔的摩天大楼家具，艾里·坎的斯夸波大厦、荷兰广场大厦，让·杜南的克赖斯勒大楼、帝国大厦。

理念——感性、机器美学。

工艺——现代工艺。

造型——立体抽象。

装饰——天体、花卉、动物和昆虫。

（6）包豪斯学派

德国包豪斯学院是引领世界设计教育的学院，它开创的设计教育体系至今仍影响着世界的设计教育。形式追随功能、少就是多的理念引发了当时设计与设计教育的思考与探索，对现今的设计仍有启发意义。造型的形式美与功能实用相结合的观念，新材料、新工艺的研发，丰富着设计的可能性与应用的可行性。

代表作品有马谢·布鲁尔的瓦西里椅，密斯·凡·德罗的巴塞罗那椅，勒·柯布西耶的太安逸椅，约瑟夫·霍夫曼的坐的机器。

理念——形式追随功能、艺术与设计教育。

造型——功能化、简约美观。

工艺——管状钢、胶合板和塑料工艺。

2. 近现代家具代表

（1）北欧现代家具

丹麦、瑞典、芬兰、挪威是具有特殊地理位置的北欧四国，北欧现代家具注重功能的实用性和艺术的审美性，家具造型简洁柔美、亲切典雅、轻巧流畅，讲求生活美学、自然和谐，具有批量生产、个性发挥及使用普及等特点。

代表作品有汉斯·威格纳的中国风系列椅，芬恩·尤尔的鹈鹕沙发、酋长椅，阿尔内·雅各布森潘顿的蚁椅、蛋椅、天鹅椅，南纳·迪策尔的蝴蝶椅，波尔·卡尔霍姆的PK11、PK13等PK系列椅，罗斯·洛夫格罗夫的超自然椅、铝长凳，维尔纳·潘顿的潘顿椅。

理念——尊重传统、遵循自然、追求理性。

造型——造型即装饰、色彩即装饰的简约时尚。

工艺——新材料、新工艺(曲木、高压成型)。

(2)美国现代家具

20世纪30年代后期,现代主义运动从欧洲移植到美国,开创了既具有包豪斯特点又有美国风格的新工业设计体系。这一时期,家具设计注重设计与工艺的结合,强调新材料和新技术的应用,新的生产技术也为创新提供了可能性。同时设计师努力创造既实用又具有美学价值的家具,以适应大众消费者的需求。

代表作品有埃罗·沙里文的胎椅、郁金香椅、马铃薯椅,查尔斯·伊姆斯的LCW椅、DCW椅(胶合板椅)、贝壳椅(玻璃纤维)、金属线椅、伊姆斯椅(木质腿)、小鸟躺椅、摇椅、休闲躺椅、钢丝椅、埃菲尔铁塔椅、钻石椅、大象椅,乔治·尼尔森的椰子椅、向日葵沙发、锻腿书桌。

理念——传统与创新、美学与功能。

工艺——新工艺与新材料,可批量生产。

造型——追求简洁性、功能性和现代感。

(3)后工业时代家具

后工业时代(20世纪70—80年代)也称信息化或知识经济化时代,是社会经济结构、生产方式、产业结构发生转变的时代，其特征是产业结构从重工业向新兴的信息技术、生物技术等的转变，即从传统的工业现代化向科技化、知识化、信息化、服务化的转变。

理念——功能性、实用性、个性化。

造型——简约、抽象、曲线、几何。

工艺——塑料、合成纤维、玻璃纤维等新材料制作。

（4）意大利现代家具

多元化的艺术及设计形式，以简约为主，应用现代技术工艺、材料特性及形态语言，体现现代设计新的特征。

代表作品有柯伦波的管椅、NO. 4801椅、4860型椅、补加系统座椅。

理念——不忽视功能的形式主义。

造型——简洁、舒适、时尚，多功能组合。

工艺——石材、木材、皮革的手工艺制作。

（5）波普–欧普风格家具（20世纪70年代）

波普是追求个性化、通俗化及新消费观的设计，强调新奇独特、怪异夸张、前卫滑稽及艳丽炫目的色彩刺激，激发好奇与想象。

代表作品有奥登伯格的塑料充气沙发，德·帕斯的"棒球手套"沙发，达里的"西方之唇"沙发，让·索菲尔德的"CI"椅，艾伦·琼斯的人体模特家具，彼得·默克多的儿童斑点椅。

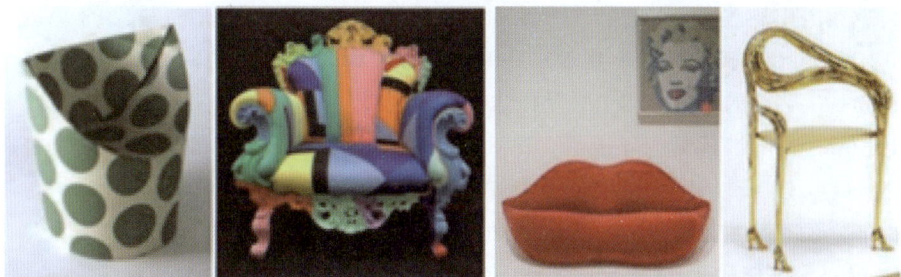

理念——新奇、怪异、大众化。

造型——个性化、非理性、平面化、艳丽。

工艺——塑料及其他合成材料工艺。

(6) 后现代家具

后现代风格是 20 世纪 60 年代在欧洲和美国发生的艺术、社会文化和哲学运动，是后现代主义运动的一部分。其设计风格特性为：传统与现代、工艺与技术的融合，围绕设计观念与文化理念探索创新，满足人们的精神与心理需求，并提供情绪价值。

后现代家具的设计理念体现在多义的契合、多元的构成、多效的实现上，这使得它在功能、形态、工艺和构造上都与传统风格不同。后现代家具是对现代风格的一种反叛，其通过错位、混合、叠加、裂变而形成的隐喻及象征的形式，为设计领域注入新的观念与表达形式。

代表作品有埃托·索特萨斯的博古架 Carlton 、HONEY 糖果椅，阿育王灯（Ashoka Lamp），亚历山德罗·门迪尼的 Proust Geometrica 沙发，汉斯·霍伦的 Wing 椅、Shell 椅、Kennedy 椅，彼得·夏尔的 Bel Air 椅子、Blythe 书架。

理念——突破局限，突出个性及概念。

造型——怪异、荒诞、夸张。

工艺——分割、组合、拼接。

此外，还有弗兰克·盖里的 Easy Edges 系列瓦楞纸椅、扭曲椅，菲利普·斯塔克的 W. W. Stool 椅、H. H 椅、精灵椅、Master 椅，理查德·萨帕的儿童椅。

（7）21 世纪家具

21 世纪家具设计呈现出多样性和创新性，反映了当代社会和科技进步的发展。追求安静、舒适与自然回归是人们对家庭环境的新期望，组合家具、个性化家具、简约家具成为时尚，现代生活方式开始呈现自然和谐的状态。

第三节　家具设计的意义与作用

1. 可持续设计的必要性

可持续设计的要点是人与自然的和谐。社会经济的迅速发展促使人们对物质文化需求进一步提高，除了关注家具的使用属性及服务功能，人们也开始对生态可持续发展有了进一步认识与关注。现今国家政策层面、社会经济发展导向层面、企业及消费者服务与需求层面，都在追求环保与可持续发展，尽可能减少资源的浪费，有效地利用可再生资源及生态可循环的资源。

2. 家具设计的可持续定义

可持续原则，即减量化、循环再利用、可降解。在家具设计领域，可持续性的关键在于提高产品的生态友好性，减少对环境的不利影响。如节省资源和能源、减少废弃物、易于回收循环再利用及材料可自行降解。

减量化指通过适当的方法和手段尽可能节省资源，减少废弃物的产生。设计上为简约设计，即设计回归本质，从过度到精简。简约并不只是单纯地减少，简约不减品质，而是精练，是在保障品质的基础上用设计解决问题。一般而言，主要在功能、形态、材料、构造和工艺方面来体现简化特性(如图 1-9)。

图 1-9　家具的减量化设计

　　循环再利用指尽可能多次、多方式地使用物品，以防止物品过早地成为垃圾。再循环设计是设计创造中需要考虑与注重的行动，包括回收循环与再使用两个方面。再循环设计强调创意和独特性，设计师通过寻找废弃物或旧家具中的潜在美和价值，将其转化为独特的艺术品或家具，比如重新构思旧物品的用途，赋予它们新的生命。这个过程包括从基础设计理念的形成到有废物再利用特性与美观适用特色的设计，如废弃物直用，废弃物作为填充材料，废弃物与树脂、水泥及其他材料组合形成再生材料等（如图1-10）。

图1-10　家具的循环再利用、再设计

　　可降解指产品具有短期内可自然分解的特性，对可降解材料如生物塑料、竹子、藻类、纸板等的运用，使产品不脱离本质特性，并用设计解决产品以外的问题。可降解设计要求设计师采用创新的设计方法，充分利用材料特性，如灵活的形状、轻量化设计和可组装结构（如图1-11）。

丝瓜瓤材料——轻质、绝缘、透光、隔热

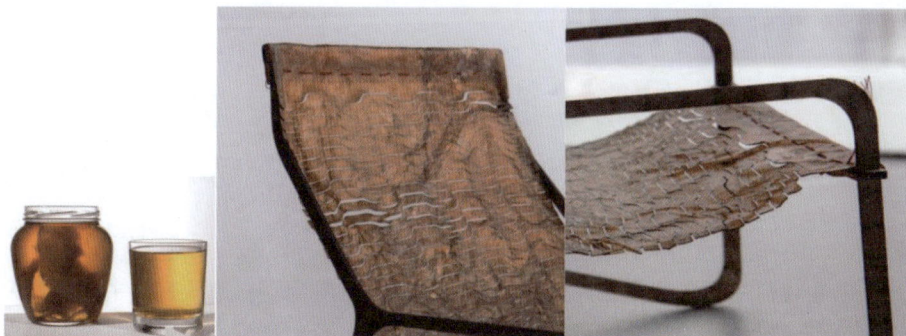

红茶菌材料——生物材料，类皮革属性

玉米皮材料——天然色彩纹理

图 1-11　家具的可降解设计(1)

废报纸材料——形态可塑，良好的硬度、刚度

图 1-11 家具的可降解设计(2)

课程思政

1. 传承我们需要怎样的家具?

从改变人们生活的设计和引领人们生活的设计这两个方面，结合设计史谈谈自己的见解与认识。

2. 什么是中国特色的家具设计?

一直以来我们在很多记载设计史的书上都能清晰地看到西方家具发展的脉络，从巴洛克、洛可可到包豪斯，从意大利、北欧到世界各地，形态特性、功能特性、材料特性让我们目不暇接。回观我们的家具发展，对比一下我国的家具，自然和谐的美、材料工艺的美、形态特性的美、生活状态的美，淋漓尽致，温润而协调，至今无法超越，这也是我们以发展的眼光对中西方家具的发展进行对比而出现的疑惑，同学们可以尝试一下这种比较方法，并发表自己的见解，思考中国特色的家具应该怎样传承与创新。

思考题

(1)我们生活中所接触到的家具有哪些?

(2)阐述生活中接触时间最多的家具及特性分析。

(3)选择一款你喜欢的中式家具进行分析描述。

(提示：可以是形态特性、功能特性、材料特性、装饰特性。)

要求:

(1)收集资料：以文图的方式进行整理，500~1000 字。

(2)交流表述：课堂交流(每人 5~8 分钟)，各自发表自己的观点和见解。

(3)实况记录：相互拍照、文字记录。

第二章　家具的类型

【重点】

能较全面地了解家具的类型与最基本的构造工艺特性，并在应用中解决问题。

【难点】

对材料应用特性与工艺构造特性的理解与把握，并能在后期的设计应用中有一定的特色与突破。

　　家具涉及的范围较广，形式多元，风格各异，在我们的学习与设计中，先应对家具的类型有较清晰的认识，按家具所处的空间环境、使用功能、构造工艺及材料特性等进行有规律的系统划分，这样才能有针对性地展开设计与研究。

第一节　家具的分类解析

1. 按空间环境分类

　　家具与空间环境有着不可分的关联性，它承载着人与物和环境的交互及空间协调性，在不同的空间环境中，家具的功能与作用也有所不同，在每一特定空间设计家具时，要对使用空间有清晰准确的判断(如图 2-1)。

　　(1)居住空间环境的家具——满足居住者生活、学习的自由与舒适和便利。

　　(2)公共空间环境的家具——包含户内与户外公共空间，强化与环境的协调统一性，注重家具受环境及人物因素影响所需强化的安全耐久性(如图 2-2)。

```
                    ┌─────────────────────────────────────────────┐
                    │ 按空间环境分类                                  │
                    │  室内环境：居住室内空间/公共室内空间（家庭、娱乐、购物、办公、  │
                    │  学习、车站、游乐场、影院）；                       │
                    │  室外环境：公共户外场所（广场、公交停靠站、电话亭、公园、庭院）  │
                    └─────────────────────────────────────────────┘

                    ┌─────────────────────────────────────────────┐
                    │ 按使用功能分类                                  │
                    │  支撑类：卧坐（椅凳、沙发、床）；                   │
          家具      │  凭倚类：桌（餐桌、书桌）、几（茶几、花几、条几）、案、台（工作  │
          的分类     │  台）架（衣帽架、花架）；                         │
                    │  收纳类：柜（衣柜、鞋柜、床头柜、五斗柜、文件柜、餐具柜、多宝  │
                    │  阁）、箱等                                    │
                    └─────────────────────────────────────────────┘

                    ┌─────────────────────────────────────────────┐
                    │ 按构造工艺分类                                  │
                    │  传统工艺类：榫卯、编织、捆扎；                     │
                    │  现代工艺类：压膜、吹塑、注塑、充气、软体、薄壳、3D打印   │
                    └─────────────────────────────────────────────┘

                    ┌─────────────────────────────────────────────┐
                    │ 按材料分类                                     │
                    │  自然材料类：木材（原木、实木）、藤材、竹材（原竹、再生竹材）、 │
                    │  草材、石材、皮革；                              │
                    │  人造材料类：塑料、金属、玻璃、纺织物、曲木、复合及生态材料   │
                    └─────────────────────────────────────────────┘
```

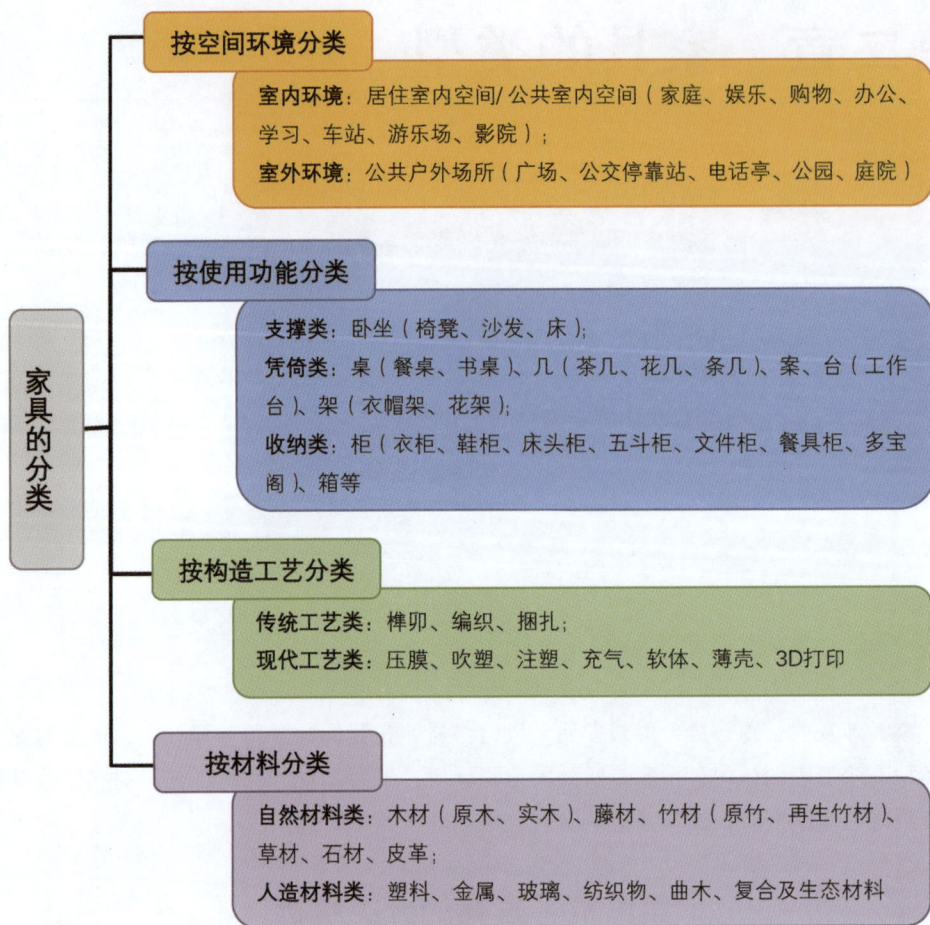

图 2-1　家具的分类

（3）办公空间环境的家具——考虑使用者长时间的工作特性，注重人体工程学和功能舒适性。

（4）休闲空间环境的家具——优先考虑形态美学特性，营造舒适氛围，起到没有距离感、没有障碍、放松心情的作用。

商业展示家具	办公空间家具
酒店/餐饮空间家具	酒吧/咖啡厅空间家具
公园/公交亭休息空间设施	图书馆/教室空间家具

图 2-2 公共空间环境类家具

2. 按使用功能分类

根据人—家具—环境的关联，主要体现使用功能特性的家具。包括收纳类家具、坐卧类家具、凭倚类家具、分割空间类家具。

（1）收纳类家具——是一种用于收纳物品的家具，包括衣柜、鞋柜、书柜、文件柜、展示柜、置物架等，能够提供储物、整理和展示的功效。收纳类家具的设计应结合空间环境特性，能充分利用空间并且方便使用（如图2-3）。

（2）坐卧家具——是一种主要用于休息的家具，包括沙发、床、椅子、躺椅、榻榻米等，是最基本的供人们休息、工作的家具。坐卧家具的设计需要结合人体工学和美学原理，设计出符合人体工程学的尺寸和造型，使人们在使用过程中能够得到舒适的享受（如图2-4）。

（3）凭倚类家具——主要为伏案工作及栖息提供依凭，包括桌、台、几、案等，这类家具多为水平面的结构，可以放置学习、休闲等物品，同时也是工作和学习环境中应用最普遍的家具。凭倚类家具设计一般注重实用性、美观性、稳定耐用性等（如图2-5）。

（4）分割空间家具——是指可以用来隔断空间的家具，如屏风（座屏、挂屏、曲屏、砚屏）、玄关、多宝阁及架式家具等。这类家具具有可移动特性，除可美化空间，还可

图 2-3　收纳功能类家具

自由对空间进行划分，从而改变空间结构，营造新的布局。分割空间家具设计需重点考虑用材的质量、体量及设计美学(如图2-6)。

图 2-4　坐卧功能类家具

图 2-5　凭倚功能类家具(1)

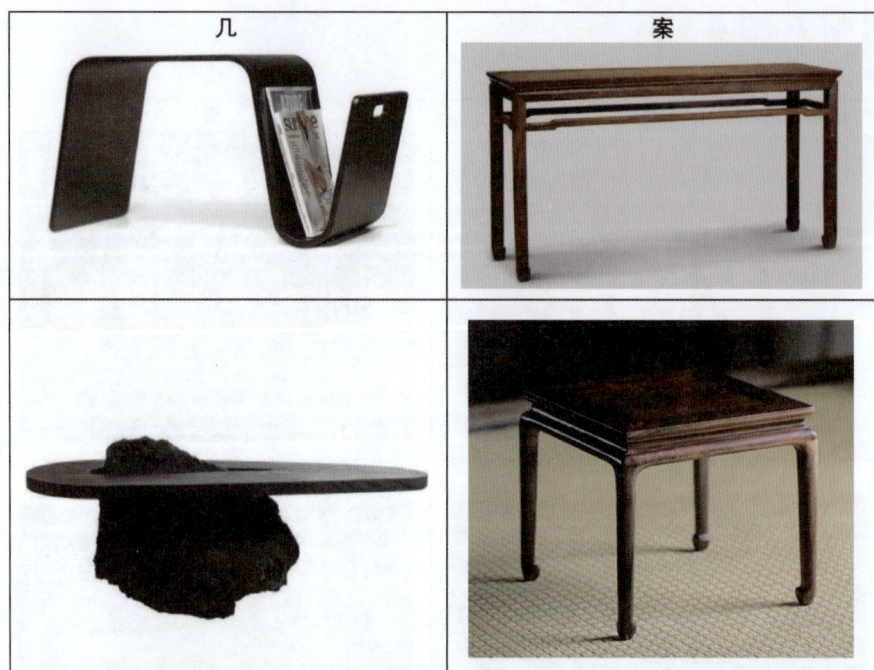

图 2-5　凭倚功能类家具(2)

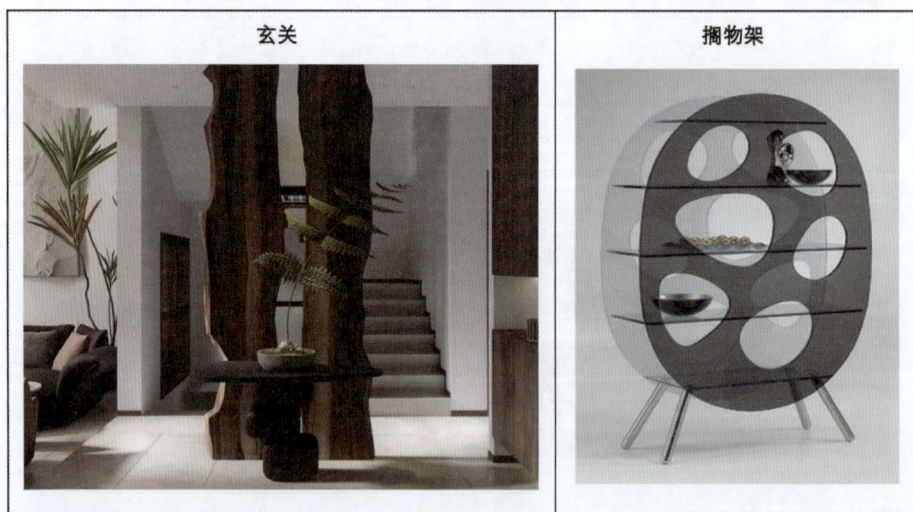

图 2-6　分割空间功能类家具(1)

玄关

搁物架

座屏

砚屏

挂屏

曲屏

图 2-6 分割空间功能类家具(2)

3. 按构造工艺分类

按传统工艺构造特性划分，有榫卯构造、编织构造及捆绑构造；按现代工艺构造特性划分，有填充、充气、板式构造(折叠、拼装、曲折、伸拉)、软体工艺(弹簧及填充工艺)、模具成型工艺(冲压、挤压、压铸及塑浇)、曲木工艺(实木弯曲、多层单板胶合弯曲)、薄壳(玻璃钢模压、铝合金模压)、模块化构造、混合式工艺及3D打印等形式。

(1)榫卯家具基本构造

"凸"为"榫"，"凹"为"卯"。传统家具榫卯结构形式丰富，常用的有长短榫、楔钉榫、燕尾榫、抱肩榫、棕角榫、夹头榫等。榫卯类家具制作工艺包括选材、下料、拼版、开榫卯、组装定型、打磨等工序(如图2-7)。

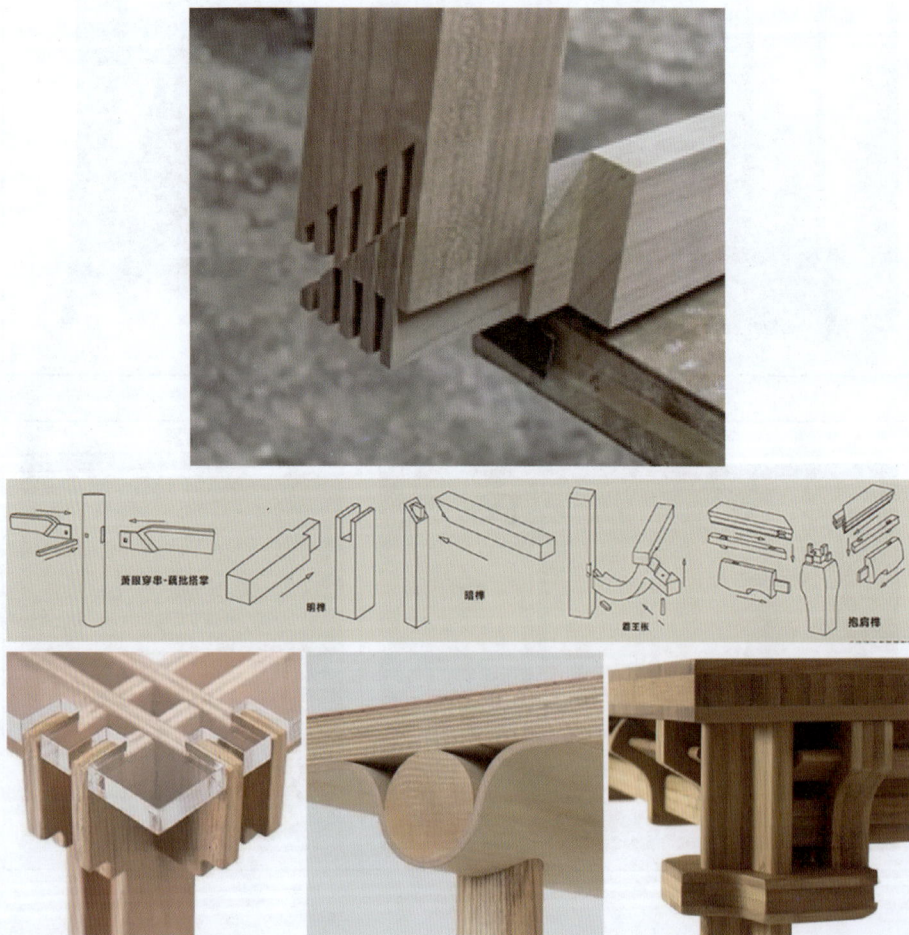

图 2-7 榫卯家具构造图解(1)

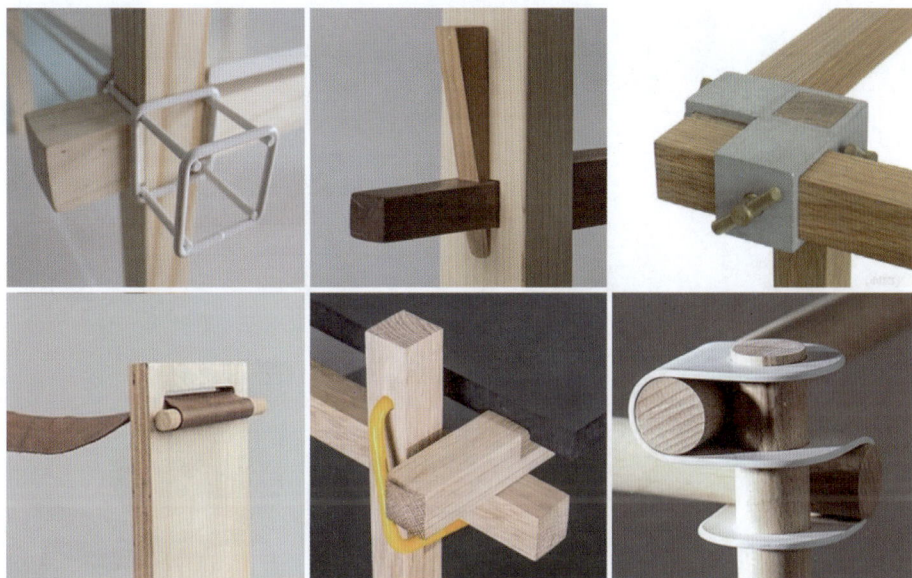

图 2-7　榫卯家具构造图解(2)

（2）编织家具基本构造

藤条、竹丝、草绳、麻绳、棕绳、皮类都是应用于家具编织最普遍的材料与工艺，在现代设计中，编织的工艺方式更加丰富，人造纺织物（丝、布、塑料、金属丝线等）应用非常广泛，造型及工艺也独具特色（如图2-8）。

图 2-8　家具的编织应用特性图解(1)

图 2-8 家具的编织应用特性图解(2)

(3)折叠家具基本构造

折叠有着很强的空间扩展与收缩特性，传统的马扎、交椅在空间特性与构造上独具特色。现今的折叠家具应用更加广泛，折叠床、折叠沙发、折叠椅，除了强化功能特性，其材料、构造工艺也给我们带来不一样的体验（如图2-9）。

图 2-9 折叠家具构造图解(1)

图 2-9　折叠家具构造图解(2)

（4）充气家具基本构造

　　气囊是充气构造的主要特性，通过加压空气（充气）变成三维的立体形态，主要由密封性能好的塑料、橡胶、合成材料及金属材料设计而成。充气构造类家具造型丰富，轻便安全，趣味舒适，为设计师实现创意提供了新的创造空间（如图 2-10、图 2-11）。

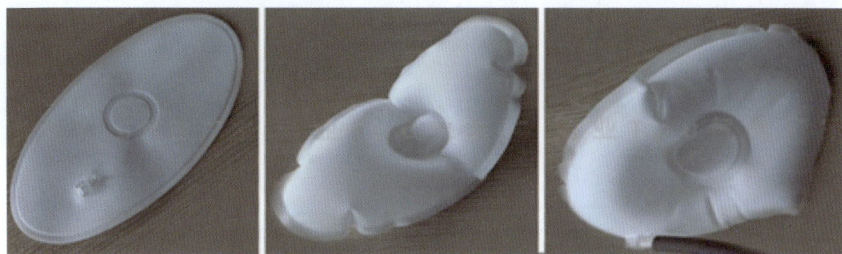

图 2-10　充气家具构造图解

图 2-11　充气家具应用图解

(5)模压胶合板家具基本构造

这种构造原理是蒸气热压成型及冷压成型，模具需制坯，包括剪切模具和模切模具，分上模和下模，将成型的材料如(钢板、塑料板、复合板材)放置在上下模具之间，在压力的作用下实现材料成型(如图2-12、图2-13)。

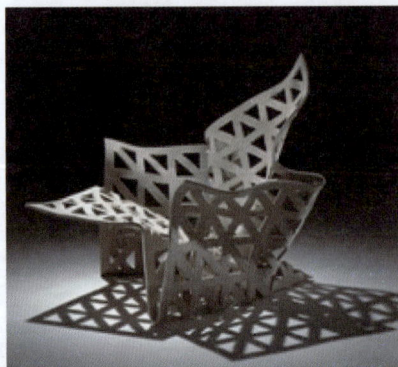

图 2-12　模压胶合板家具构造图解

图 2-13　模压胶合板家具应用图解(1)

图 2-13 模压胶合板类家具应用图解(2)

（6）3D 打印家具构造

3D 打印即三维打印（3D printing），是指以三维模型数据为基础，通过材料堆积的方式制造零件或实物的工艺。这种构造方式为创新性设计提供了技术保障和实现的可行性（如图 2-14）。

图 2-14 3D 打印家具工艺图解(1)

图 2-14　3D 打印家具工艺图解(2)

4. 按材料特性分类

材料是工艺构造的物质基础，不同的材料可产生不同的形态及结构形式。如今，现代家具日益趋向多种材质的组合，传统榫卯结构工艺，现代的标准化、部件化生产工艺，促进了传统继承与现代工艺结合，不断开辟家具全新的工艺技术与构造领域。自然材料包括木、竹、藤、草、石、皮革；人工材料包括纺织品、塑料、玻璃、水泥、金属及复合材料等。

(1) 木材家具

木材家具材料为自然生长的灌木，其品种繁多。传统家具主要应用的是硬木材质（紫檀、红木、黄花梨等），无论在视觉上还是触觉上，木材都是其他很多材料无法超越的。木材纹理美丽独特，温润柔美，且易于加工、造型和雕刻，从古至今木材都是家具设计与造型的首选材料，在现代家具日益趋向新潮与复合材料的今天，仍然扮演着重要的角色（如图 2-15）。

木材家具成型的特点：

①纹理优美，有天然的装饰特性，可块、面、线、体等成型。

②质轻、温润、有韧性、塑性强，可弯曲、可雕刻、可添减。

③表面涂饰及与其他材料配合性能好。

④结构：榫卯、拼接、弯曲。

⑤规格：板材、方材、木屑胶合板、刨花板、曲木和薄木（木皮薄片）等。

⑥加工：锯、刨、切削、雕刻（浮雕、透雕）。

图 2-15　木材家具图解

（2）竹藤材家具

竹、藤、草、柳等由于其天然的纤维属性，在设计应用中主要涉及生活和工艺用品。在提倡低碳环保的今天，我们对传统的自然材质有着新的认识与理解，特别是在竹材的应用上，新的技术与工艺改变着竹材的特性，扩展着竹材的张力与不可替代的潜质。竹的天然纤维特性有极好的功能延展性和感官体验，竹可自成支撑的架构，可加工成竹丝、竹条编织等各种独特的纹样图形，为造型提供了装饰与形态变化的无限空间，竹材压接成型技术的应用，使其有着其他材料无法比拟的特殊优势（如图 2-16、图 2-17）。

竹藤材家具成型的特点：

①除自然的形态特征，竹藤在加工成型中还有硬质与软质双重特征。

②材料：质轻、有韧性、塑性强，可成线、成面、成体。

③构造：劈、编、雕、刻、卡接、弯曲等。

④装饰：原始的自然形态特性（竹节、纹理），编织各种图形与形态。

图 2-16　自然原竹藤家具用材特点图解

图 2-17　新技术竹材家具用材特点图解

（3）金属家具

金属家具由钢材、铝合金等材质制成，具有厚重与轻便双重特点，耐用、轻便，工艺结构特性突出，可塑性强，适用于标准化批量生产，可与木材、塑料、皮革、纺织物等组合，增加其柔和度，主要用于办公类家具（如图 2-18—图 2-20）。

金属材料家具成型的特点：

①承重与抗拉性强，结构特性突出，机械铸造强度高。

②型材多样，有管材（圆管/方管/异性管）、线材和板材，可弯曲、锻压成型。

③工艺成型度高，可批量生产。

图 2-18　金属弯曲、锻压成型家具图解

图 2-19 钢材锻压成型家具图解

图 2-20 铝合金模具成型家具图解

（4）塑材家具

塑料是现今家具设计与应用中最普遍的材料，塑料种类繁多，属性各异，有 PP 聚烯烃、ABS 聚苯乙烯、PVC 乙烯基、尼龙、PET 聚苯醚酯等，可通过注塑、挤压、吹塑成型（如图 2-21、图 2-22）。

塑材家具成型的特点：

①造型表达力强，高可塑性、高装饰性，色泽丰富，轻便耐用。

②加工便利，适合多种工艺特性，成型度高，成本低，不受气候环境的影响。

③化学稳定性强，防腐性较高，绝缘性好，与其他材料的配合度高。

④承载负荷较弱，易褪色和老化。

图 2-21　家具塑料模压图解

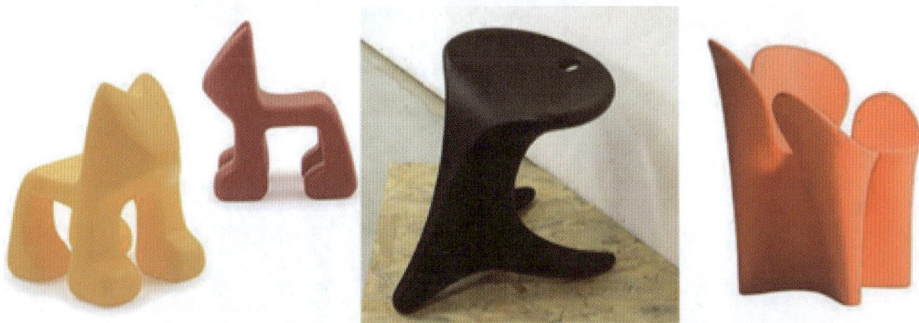

图 2-22　家具塑料注塑图解

（5）软材家具

软材家具以纺织、编织物（布、麻、棕）及皮革、毛毡等做表面材料，"外"以硬质的金属、木头、竹材做支撑，"内"配以弹簧、发泡橡胶或乳胶海绵等填充材质，这类家具主要有沙发、床及椅凳类等，现今新材料、新工艺的发展，使软体家具的应用空间更广阔（如图2-23）。

软材家具成型的特点：

①可变化、更换的表面材料非常丰富，有布、皮革、毛毡等，表面肌理及色泽纹理的亲和度及装饰性非常强。

②造型表达丰富、形态美观，使用柔软、舒适、温馨。

③缺点是必须有硬质材料做支撑。

图 2-23 软质家具图解

（6）曲材家具

我国传统的曲木家具工艺是利用原木的天然韧性，通过加热和弯压等手法使其成型。而现代曲木工艺的发展则要归功于 19 世纪奥地利工匠迈克·索耐特的创新，他发明的蒸汽木材软化法，为家具设计带来了新的造型多向延展性。现代曲木工艺主要包括实木弯曲成型和多层胶合（如刨花板、中密度纤维板）模压弯曲成型（如图 2-24、图 2-25）。

曲材家具成型的特点：

①毛坯加工、软化处理、弯曲成型、低温干燥、自然冷却、定型。

②传导加热式实木弯曲成型工艺，简便、成本低，材料的环保性强。

图 2-24　中国传统的曲木家具图解

图 2-25　板材/线材曲木家具应用图解(1)

图 2-25　板材/线材曲木家具应用图解(2)

(7) 模块化家具

模块化家具是一种优化和简化空间利用的设计形式，它以单体板材为主要构造元素，具有丰富的组合形式，用户可以根据自己的需求随意地拆分、拼装和组合。模块化家具的材料应用特性非常丰富，常见的有原木板材和人造复合板材。模块化家具适用范围非常广泛，可用于制作衣柜、组合柜、桌椅、沙发、茶几、隔断等，并有着很强的交互体验特性(如图 2-26)。

板材家具成型的特点：

①有很好的标准与规范性，便于运输，可自由进行拼装组合。

②简洁便利，实用性强，物美价廉。

③造型可扩展性强，形态语义表达丰富。

图 2-26　模块化基本组合特性家具图解(1)

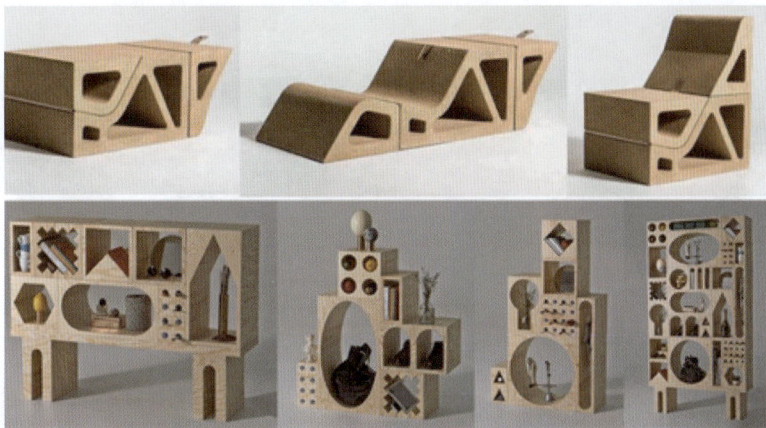

图 2-26 模块化基本组合特性家具图解(2)

第二节 家具的形态+/材料+/色彩+扩展类型解析

在现代家具设计中，设计师们在造型形态、材料工艺、功能效应、设计审美等方面有很多具有引领性、引导性的新观念与新实验，以适应不断变化的社会需求和审美趋势。通过"设计+"的概念，在形态、材料、色彩、工艺、观念等方面进行创新和拓展，现代家具设计的可行性、可能性和可扩展性得到了极大的丰富和提升，为设计师们提供了更广阔的创作空间和更多的设计新途径。

1. 形态+

形态的相似变化是一种重要的设计手法，主要体现在自身的多变性，设计中借助基本的相似形态，如对具象的形态、抽象的几何形态进行延展变化，以一变十，以十变无数，在统一中体现出个性的变化特性。图 2-27 即为具有空间流动感的"线"形态成型的家具(如图 2-27、图 2-28)。

图 2-27 形态+(几何形态——线椅)

图 2-28 形态+（有机形态——身形椅）

2. 材料+

金属与塑料、金属与木头、金属与水泥、水泥与木头、水泥与金属、树脂与木头等的融合应用，让家具的材料应用形式更加丰富有趣。而材料应用观念的转换，也使其应用形式更加丰富。在设计中除关注造型形态特性，对材料的延展性也应有更多的思考与尝试，这样才能激发更多的可能性（如图 2-29—图 2-31）。

（1）尝试新的融合，设计能更好地体现对材料的新认知。设计除体现材料的功能特性，还巧妙地表达出材料的装饰特性，似主非主、似次非次，相辅相成，自成风格。

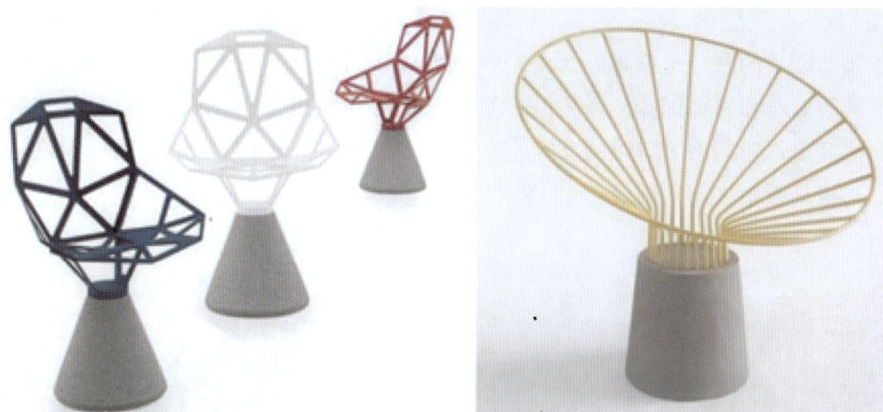

图 2-29　（金属与水泥、木头与水泥）

图 2-30　材料+(金属与木材)

图 2-31　材料+(木材与树脂)

（2）软质与硬质

软质与硬质的融合是家具设计中一种重要的表现形式，它不仅涉及家具的功能性，还与家具的形态和材料选择紧密相关。沙发是较典型的应用之一，而移动坐具的这类特点也非常突出，包括中国传统的交椅、行军椅、马扎、躺椅等，在体现功能用途与形态审美上都极具引领性与代表性（如图2-32）。

图2-32 材料+（硬质与软质）

3. 色彩+

在家具造型设计中，色彩不仅有表面的装饰作用，还有材料独有的色泽、纹理特性。例如，树木、竹藤、石头等自然材料具有独特的本色，金属、玻璃、塑料、皮革、纺织物等人为构造的材料也具有各自的特性色，通过加工呈现出不同的光泽感、透明度、肌理感，色彩除了让人能从视觉上感知丰富的颜色，还能带给人不同的触觉体验（如图2-33、图2-34）。

图 2-33　色彩+（色彩涂饰）

图 2-34　色彩+（材料的固有色彩肌理）

4. 混合+

混合+是一种解构重组的设计形式，让我们得以重新认知事物的本质特性，重组包括观念重组、形态重组、材料重组、色彩重组等。在观念重组中，将各类原来对立、不符合逻辑、不可能融合的元素进行重组，从而探索新的可能性和可行性，这种方法能够打破常规的思维方式，激发创造灵感（如图2-35）。

图 2-35　混合+（观念重组）

例如，对废弃材料的思考与设计尝试。废弃的塑料瓶罐类、金属类、玻璃类、蔬菜水果及自然中的花草树叶，采用新的手段与方法、新的工艺与技术，重新认知它们的特性，通过剪切、拉伸、熔解、发酵等新的设计去尝试各种可能（如图2-36、图2-37）。

图 2-36 材料+(循环/生态构造)

图 2-37 材料+(生态构造)菌丝体，可循环降解的踩踏

第三节　纸材家具类型解析

　　纸材作为一种轻便、可塑性强、成型度高的材料，是学生进行设计实验的首选，在设计实验中，学生可通过折叠、揉撕、卷曲、伸拉、切割、交叉、重叠、卡接、组合等完成各种形式的构造，同时也能直观、全方位地感知空间构造特性，实现启发与触动联想的作用(如图 2-38—图 2-42)。

　　纸材家具成型的特点：

　　①成型工艺可操控性强，取材便利，灵活轻巧，是将设计转化成实体有效的材料。

　　②可应用废弃的包装材料(瓦楞纸)进行设计实验，可做成规范性的形态，进行组合、拼装，增强自己动手拼装家具的体验感。

　　③可通过软化处理，以压膜的形式进行设计构造。

图 2-38 纸材拉伸、折曲、卡接、拼装工艺图解(1)

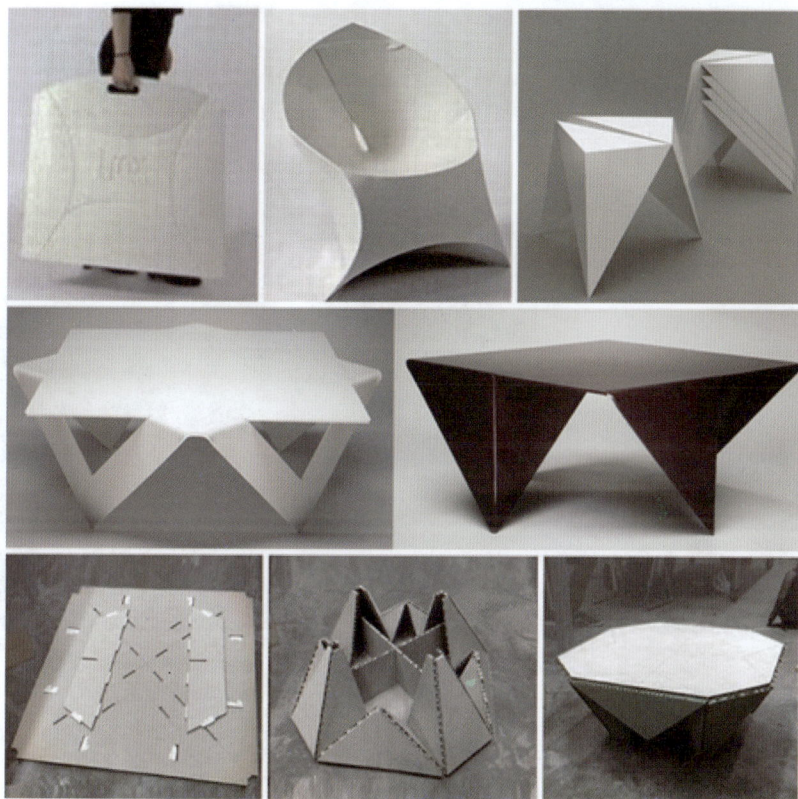

图 2-38　纸材拉伸、折曲、卡接、拼装工艺图解(2)

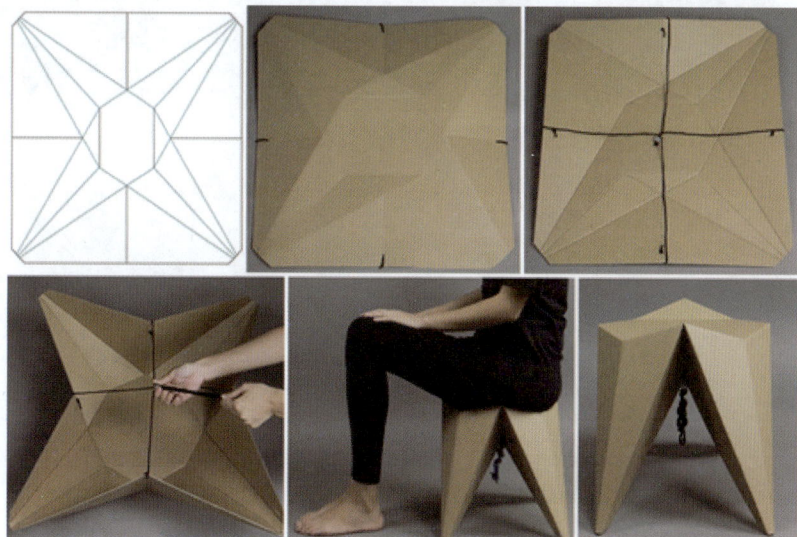

图 2-39　纸材家具拉伸、折曲、卡接、拼装工艺图解

图 2-40　卡接、拼装纸材家具应用图解

图 2-41　拉伸、折曲纸材家具应用图解

图 2-42　纸浆压膜、喷涂家具图解

课程思政

（1）创新和技术发展是不断推动家具设计领域前进的重要因素，了解前沿设计制造技术，掌握材料创新的知识，包括可持续材料和高性能材料的最新研究，实现更高效、更复杂和环保的设计。同学们可以分享所了解的关于前沿制造技术和材料的最新研究成果。

（2）对传统家具构造工艺的学习，让我们能够穿越不同的时代和文化背景，洞悉匠人们的创新和坚守，请大家思考什么是工匠精神，以及它对我们的学习和生活有怎样的启发。

思考题

全班分5组，选择其一，按要求完成作业。

（1）自行选择一件传统古典家具，并测绘出其立面图、结构图、结点大样图。

（2）结合折叠特性完成一款桌椅或屏风家具的概念草图，尽量完整地表达出构造工艺特性。

（3）结合传统工艺技术的特点，选择竹类家具，进行材质工艺的分析，并画出完整的构造工艺图。

第三章　家具的人—机—环境特性解析

【重点】

了解家具的基本比例尺度，并能较好地结合设计完成比例尺的标注。

【难点】

比例尺度与造型设计、结构之间的关联的理解与把握。

在家具设计中，"家具与人、家具与环境、人与环境"之间的协调统一非常重要，下面从"坐、卧、立、蹲、跳、旋转、行走、取放、倚靠"等生理与心理需求，从功能、形态及使用特性来解读"人—机—环境"的基本比例尺度及关联要素，并研究如何在设计中实现创意表达与功能和形态的统一。

第一节　家具与人、家具与环境、人与环境

人所处的环境主要分为四大类，生活环境、工作环境、学习环境、娱乐环境。要了解在这些环境类型中，人对于家具在物质与精神上的双重属性需求，在不同环境下，科学的比例设计不仅能够优化家具的使用功能，而且更能体现家具的协调性、舒适性及艺术审美性。

例如，卧室是宁静、舒适、温馨、有个性的；书房是明亮、通透、安静、有序的；办公室是简洁、明亮、共性、个性的；会议室是规范、整洁、明亮的；图书馆是宽敞、安静、舒适、洁净的；教室是整洁、整齐、有序、明亮的；茶舍是静寂、自然、舒适、个性的；酒吧是时尚、简约、典雅的；公园是协调、有趣的；广场是开阔、协调的（如图 3-1—图 3-5）。

图 3-1 生活空间家具的人—机—环境特性

图 3-2 工作空间家具的人—机—环境特性

图 3-3 学习空间家具的人—机—环境特性

图 3-4　休闲空间家具的人—机—环境特性

图 3-5　户外公共空间家具的人—机—环境特性

第二节　家具—人—环境的比例尺度

在家具设计中，比例尺度的视觉美感、适合度及舒适度是关键要素，家具所占有的空间尺度，家具固有的高度、宽度、深度，以及人体尺寸与尺度是最基本和核心的要素，可依据 2000 年的《人体比例尺度国际标准》进行比例尺度解析（如图 3-6、图 3-7）。

编号	部位	较高人体地区		中等人体地区		较低人体地区	
		男	女	男	女	男	女
A	人体高度	1690	1580	1670	1560	1630	1530
B	肩宽度	420	387	415	397	414	386
C	肩峰对头顶高度	293	285	291	282	285	269
D	正立时眼的高度	1573	1474	1547	1143	1512	1420
E	正坐时眼的高度	1203	1140	1181	1110	1144	1078
F	胸廓前后径	200	200	201	203	205	220
G	上臂长度	308	291	310	293	307	289
H	前臂长度	238	220	238	220	245	220
I	手长度	196	184	192	178	190	178
J	肩峰高度	1397	1295	1379	1278	1345	1261
K	1/2(上肢展开全长)	867	795	843	787	848	791
L	上身高度	600	561	586	546	565	524
M	臀部宽度	307	307	309	319	311	320
N	肚脐宽度	992	948	983	925	980	920
O	指尖至地面高度	633	612	616	590	606	575
P	上腿长度	415	395	409	379	403	378
Q	下腿长度	397	373	392	369	391	365
R	脚高度	68	63	68	67	67	65
S	坐高	893	846	877	825	850	793
T	腓骨头的高度	414	390	407	382	402	382
U	大腿水平长度	450	435	445	425	443	422
V	肘下尺寸	243	240	239	230	220	216

图 3-6　不同地区人体各处平均尺寸(单位：mm)

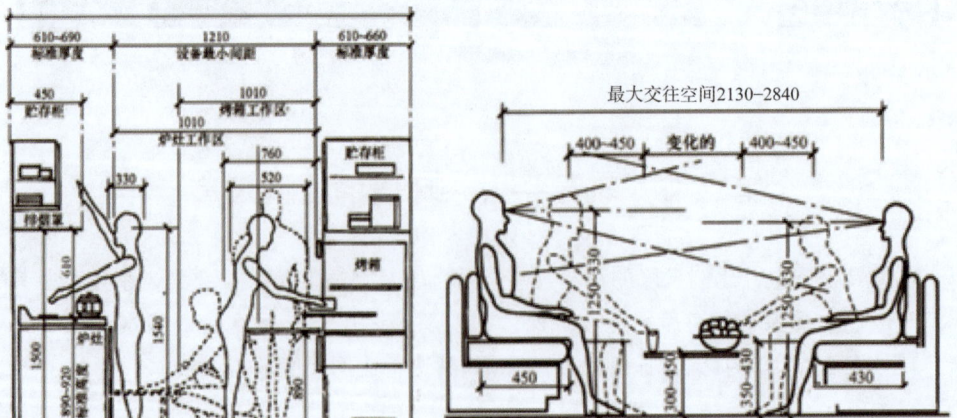

图 3-7　家具与人的基本尺寸图解

例如，收纳类家具的比例尺度。收纳类家具包括衣柜、电视柜、餐具柜、书柜、斗柜(三斗柜、五斗柜)、床头柜、角柜、文件柜，由于所处的空间环境及用途不同，收纳的品类及开启的方式不同，其尺寸规格也不同。

几种橱柜尺寸（mm）
3000×600×2300
3740×660×2000

几种书柜尺寸（mm）
600×300×800
1200×400×900
2260×340×2200

图 3-8　橱柜/书柜的比例尺度图解

● **凭倚类家具的比例尺度**

几种书桌尺寸（mm）
1000×600×800
1200×800×800
1400×800×800

几种办公桌尺寸（mm）
1800×720×740
2000×1200×740
2400×1200×740

图 3-9　书桌/办公桌的比例尺度图解

● **坐卧类家具的比例尺度**

几种沙发尺寸（mm）
1600×820×1000
2280×990×730
2500×920×730

几种矮凳尺寸（mm）
270×270×200
330×330×270
480×480×460

图 3-10　沙发的比例尺度图解

课程思政　设计思辨

人机工程学通常侧重于群体数据，是满足大多数人需求的设计指南。然而，不同用户可能有不同的体形、健康状况，那么该如何平衡设计中多数人和特殊人群的不同需求？

人机工程学强调以人为本，而人性化设计和设计关怀意识则是实现这一理念的关键。在设计中，我们不仅要考虑多数人的需求，还要关注那些有特殊需求的群体，通过更包容和实用的设计，使人们在与产品的互动中感受到舒适和人性化。

思考题

(1)分析理解坐具类设计的功能尺寸。

(2)分析理解储藏类设计的功能尺寸。

(3)测量身边常见的家具尺寸，分析家具与使用者、使用空间的比例与尺度关系。

要求：草图表达，标注基本尺寸。

第四章 家具造型设计基础与形式美法则

【重点】

观察自然与生活中各种美的特性，并应用形式美的法则进行对比分析，提出自己的观点与想法，在理解和掌握形式美法则及规律的基础上活学活用。

【难点】

对概念的整体把握与理解、融会贯通，用辩证的方法去观察理解事物的本质特征。

第一节 家具设计的构成要素

1. 家具造型基本要素

点、线、面、体是家具设计最基本的构成要素。概念性的点、线、面，能扩展我们对空间的无限想象；物化性的点、线、面，能让我们感知体验物体的不同特性，所以概念与物化的不同空间形式都是设计所要遵循的特性。

（1）点。它没有固定的形态，但是通过空间距离和位置的感知，能表达出丰富的形态特性，如远近、虚实、形成的大小、体积所感知到的较具象的点形态。点有着极强的空间张力，可概括归纳成有规律可循、能被直观感知的点，也可化无形为有形的点，概括性的应用特性非常强。如图4-1，即为物形的点和概念的点在家具设计中的应用。

（2）线。广义指点的延伸及点运动的轨迹，并由长度而被感知。线形包括直线和曲线，线质包含硬线、软线，以及实体的线与虚拟的线。线可折曲、伸拉、捆绑、缠绕、焊接，可单独成型，也可与其他材料组合成型，在家具设计的应用中最普遍。家具设计中，有平和、安静、稳定、理智的直线应用（如图4-2），有规则的曲线应用，体现平衡、稳定、安宁（如图4-3），有规则与不规则曲线的混用，体现灵动、活泼、自由，有生气（如图4-4）。

图 4-1　家具设计中点的应用特性

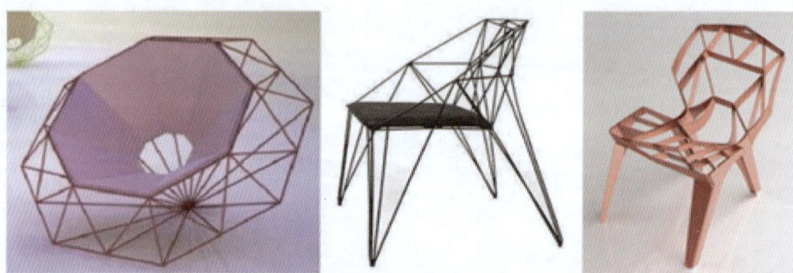

图 4-2　家具设计中直线的应用特性

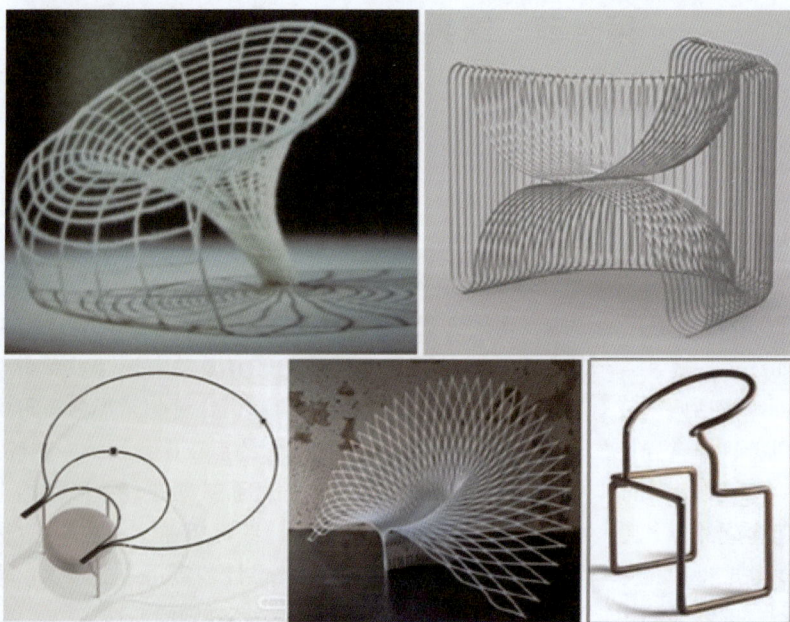

图 4-3　家具设计中规则线的应用特性

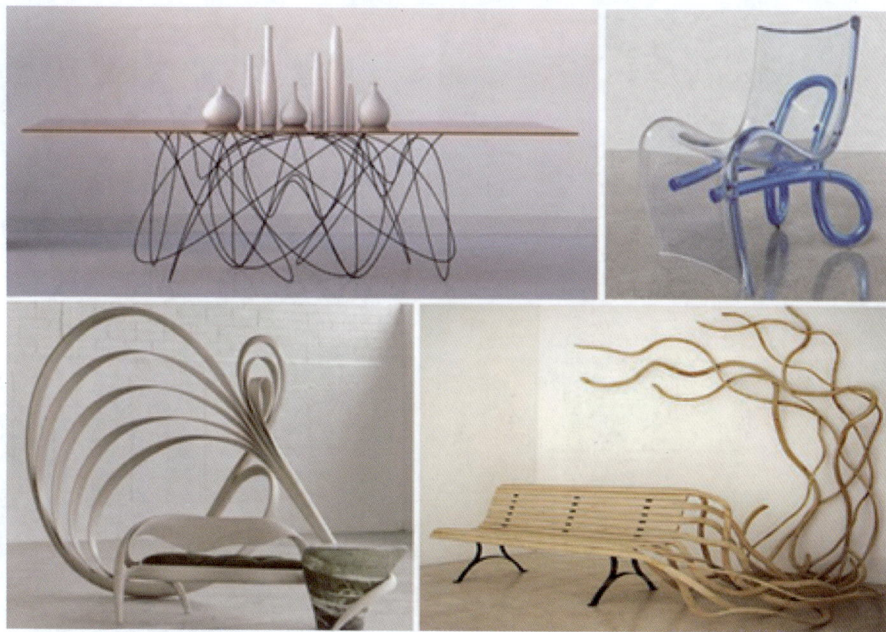

图 4-4　家具设计中规则与不规则曲线的应用特性

（3）面。广义指线的延伸及线移动的轨迹，它丰富了线的属性。面的长度和宽度是其基本属性，同时，它在视觉与现实空间中都有一定的占有度。面具有面积与体积的特性，同时还有虚实的特性。面可以分为几何形的面和不规范的异形面。几何形的面包括圆形面、三角形面、方形面等，不规范的异形面则是指那些没有固定几何形态的面。此外，还有意象的面，如世面、界面。在家具设计中，面的空间占有及围合功能最突出（如图 4-5、图 4-6）。

图 4-5　家具设计中线成型的面的应用特性（1）

图 4-5　家具设计中线成型的面的应用特性(2)

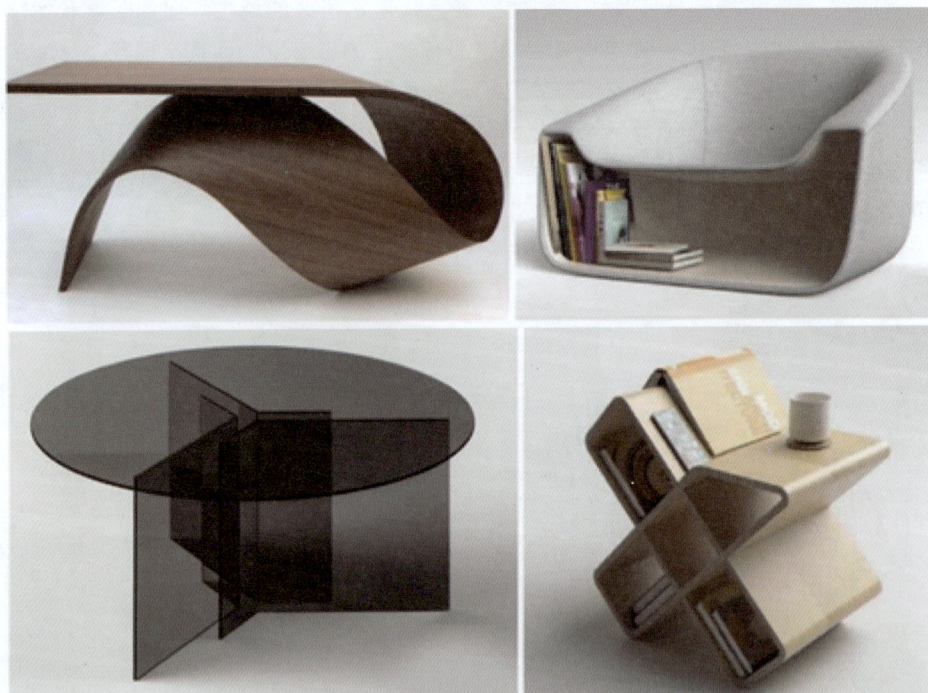

图 4-6　家具设计中虚实共生的面的应用特性

（4）体。体具有长度、宽度、高度三个维度的特性，有实体与虚体之分，实体指具有实际物质和体积的物体，例如黏土、石块、木块、石膏块等，虚体即空心的或者由围合形成的块状结构，虚体和实体都有很强的占据空间的特性。实体块有很强的体量感，成形构造方式多种多样，可根据材料特性进行分割、挤压、拉伸、削减和焊接等操作。在家具设计中，"体"的构造特性明显，除木质块材的切割、削减、拼接，现代工艺中填充类材料也极大地丰富了"体"的表现形式（如图4-7、图4-8）。

图 4-7 家具设计中体（实体）的应用特性

图 4-8 家具设计中虚空间形体的应用特性（1）

图 4-8　家具设计中虚空间形体的应用特性(2)

第二节　形式美法则概述

形式美法则是一种美学原则，源于人们对自然美的观察、理解和长期的生活与设计实践。这些法则概括了美的普遍特征，为人们提供了一种可参照、可学习的规则与方法。通过学习与掌握形式美的法则，我们能够培养对事物的认知视觉和敏感度，对我们有目地探索创造美的事物的能力并进行创造性设计具有引导与指导作用。

1. 形式美的表现形式

形式美的表现形式可以归纳为两大类：一类是有序的、有章可循的规律，这类表现形式强调事物的规律性和一致性，给人以稳定、和谐的美感体验，如建筑中的对称结构、图案设计中的重复元素等，它们通过遵循一定的规律，使整体呈现出一种秩序感和美感。另一类是打破常规的表现形式，这类表现形式不拘泥于传统规则，通过创新和突破，打破常规的束缚，创造出独特的美感，如现代艺术中的抽象表现、时尚设计中的前卫造型等，它们通过打破常规，给人以新鲜感和视觉冲击力，激发人们的想象力和创造力。

2. 形式美的基本规律

形式美的基本规律有对称与均衡、稳定与轻巧、重复与简单、比例与尺度、运动与静止、统一与变化、模拟与仿生、节奏与韵律及错视觉等，它们之间都有可扩展的关联特性，相互影响，相互渗透，共同构成了形式美的丰富内涵。

对称–均衡–稳定–轻巧–重复–简单–比例–尺度–运动–静止–统一–变化–渐变–放射

第三节　家具设计的形式美法则应用解析

形式美法则在不同的艺术和设计领域都有广泛的应用。这里从功能、形态、结构、材料、色彩、工艺等角度，解析在家具设计中应用形式美法则所形成的观点与设计特性。

1. 对比与调和

对比与调和指事物可进行界定性比较的一种形式，有绝对的对比和相对的对比，反映矛盾的两种状态，是对立而又统一的存在。

对比是在差异中倾向于"异"，把性质相反的要素对立并列，包括形态对立、色彩对立、质感对立、形状对立等，产生强者更强、弱者更弱的对立现象。调和是在差异中趋向于"同"，以达成秩序化、统一化、平衡协调的目的。对比的表现形式大概有以下几种。

色彩对比——黑白、深浅、浓淡、明暗、饱和与不饱和。

形状对比——大小、曲直、长短、钝锐、粗细、凹凸、宽窄、厚薄。

位置对比——远近、高低、上下、左右。

事物对比——季节、天地、阴阳、冷热。

形态对比——疏密、虚实、隐现、轻重、黑白、软硬、干湿。

质感对比——表面肌理、温润、粗糙。

概念对比——动静、善恶、好坏、正邪、清浊。

家具设计中，对比与调和的案例非常多。如图 4-9 为乔治·尼尔森的作品"椰子椅"（coconut），椅子的形态既轻便又厚重，座面厚实、支撑细简形成了形态、材料、色彩等的多重对比。图 4-10 为经典设计 NO. 8 'Curved' Hotel reception desk，完美地诠释了对比与调和的特性。

图 4-11 是以色列设计师 Sharon Sides 设计的 Stumps 黄铜椅，利用自然形态与数字化表达，转化设计对象。木质树桩、枝的形态及纹理特性，黄铜应用的质感特性，形成了材质、形态等多重关联对比感受。图 4-12 则是通过自然特性设计形成的具有视觉与触觉质感的作品。图 4-13 椅子「Arm」Clark Bardsley Design 是"有与无"的对比设计，作为对比中的一种形式，无中生有，可发生无限的变数。图 4-14 为可用与不可用对比，即"视觉可坐而实际不可坐"，反之"视觉不可坐而实际可坐"。图 4-15 为空间行为特性的对比，楼梯(坐的行为与潜在无意识的需求)似椅非椅，舒服、舒展、安心、安全，自然而不受约束，虚/实、隐/现、疏/密、凹/凸、开/合、空/透、静/动，有潜在的对比与调和特性。

图 4-9　家具的形态—色彩对比与调和

图 4-10　家具的体量—形态对比与调和

图 4-11　家具质感对比与调和

图 4-12　质感对比与调和

图 4-13　观念对比与调和

图 4-14　可用与不可用的对比与调和

图 4-15　空间行为特性的对比与调和

2. 对称与均衡

对称与均衡是自然现象中最普遍的类似镜像效果的一种形式美特性，通常是以等形等量或等量不等形的状态，依中轴或支点出现的形式。如人与动物的眼、耳、手、足，昆虫中的蝴蝶、蜜蜂，植物中树叶的经络、纹理等有序的对称与均衡。对称与均衡是家具设计中最普遍与常规的一种表现形式，同时也是设计者在应用规律时探索更多可能性的一种设计形式。

对称有自然的对称与均衡（如图4-16），绝对的对称与均衡，包括左右对称、旋转对称、轻重对称（如图4-17），相对对称与均衡，包括体量特性的对称与均衡、形式特性的对称与均衡、视觉特性的对称与均衡（如图4-18）。此外，还有打破常规性的绝对对称与均衡，能从视觉与体验感知到对称与均衡带来的变化。如难忘的体验、难忘的经历、难忘的某一次活动、难忘的过程都会让人留下很深的印象，成为突破原有定式的基础，作为设计师，一定要勇于、敢于破除定式直觉，探索未知的新可能（如图4-19）。

图 4-16　自然的对称与均衡图解

图 4-17　家具绝对对称与均衡图解

图 4-18　家具相对对称与均衡图解

图 4-19　生理与心理双重体验的对称与均衡家具设计图解

3. 重复与重叠

重复指对一个相同的单元形进行连续反复，形成有数量、有节奏、有层次、有秩序、有规律的特性。重复主要为形态重复，其扩展特性还有类型重复，即相同的基本类型或相似类型的重复，它们都有很强的空间感及形式美感。

重叠除重复的特性，还有交错、交叉的特性。重复与重叠在家具设计的应用中非常独特，点、线、面、体，有机与无机形态的重复、重叠可形成完美的构造特性。重复与重叠看似简单，但实际上却是被艺术家、设计师经常应用的经典表现形式，在具体的应用中，通常会应用色彩、形态、纹理等元素进行重复与重叠，让人产生视觉上的连贯与协调感（如图 4-20—图 4-22）。

图 4-20　点元素的重复与重叠

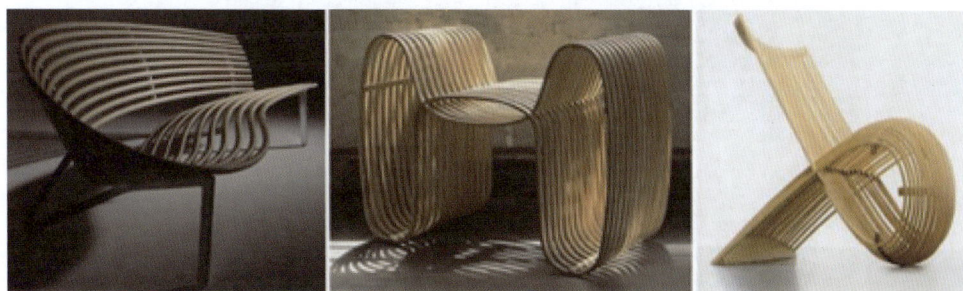

图 4-21　线元素的重复与重叠(1)

图 4-21　线元素的重复与重叠(2)

图 4-22　模块化的重复与重叠的组合特性

4. 运动与静止

　　运动与静止是相对的存在形式。在宇宙中，一切物体都处于运动的状态，这种运动是绝对的，而静止是相对的。广义的运动指一切形式的变动，包括质、量、位置、形状与潜能的变化；狭义的运动则指移动、转动，即物体间相关空间位置的改变或改变空间位置的过程。图 4-23 即为有视觉动感与体验动感的家具。

图 4-23　家具的运动与静止图解

5. 比例与尺度

在造物设计中，比例与尺度是至关重要的设计原则，它们是人们在长期生活实践中总结出的最适度、最舒适的可度量的数理比，如黄金比 0.618，级数比 1：2：3：4：5：…，2：4：6：8：…，家具产品的长短、高低、宽窄、轻重等都可用度量来衡定，这些比例与尺度直接关系到产品的美观性、功能性和实用性(如图 4-24、图 4-25)。

(1)造型的比例尺度

造型的比例尺度主要有三个特性要求，一是人与物之间的比例尺度；二是物与物之间的比例尺度；三是人与物与空间的比例尺度。

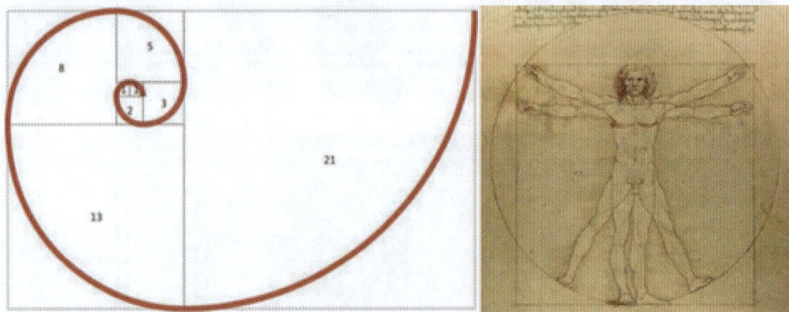

图 4-24　黄金分割比图解

(2)家具的空间尺度的把握

家具的使用舒适度，即按人体的身高、体型来选择合适的家具(高度、进深)。

家具的心理空间维度，指家具有着统一规范的标准，但家具因形态、色彩、材质及造型等特性所形成的关联都会给我们带来不同的生理和心理感受。

个体空间包括行动空间、使用空间、交流空间、学习空间、休息空间等。公共空间包括流动空间、购物空间、娱乐空间、学习空间、交流空间、展示空间等。

图 4-25　人/物/环境的空间比例尺度图解

在家具设计中，比例尺度不仅指单件家具的尺度和形态，还涉及家具与周围空间的关系。每件家具都不是孤立存在的，其大小、高矮、胖瘦、轻重、虚实等特性都与空间相互对应，在设计家具时，除考虑家具本身的尺寸，还要考虑家具在空间中的布局，留出充分的活动空间，确保使用家具时的舒适性与便利性。

6. 模拟与仿生

模拟是较直接地模仿自然形象。仿生是从自然的形态中受到启发，如形态特性、功能特性、结构特性、色彩特性等，结合原始的原理进行深入研究，然后在理解的基础上应用于设计创造（如图 4-26—图 4-31）。

图 4-26　自然具象形态的模拟与仿生图解

图 4-27　自然抽象形态的模拟与仿生图解(1)

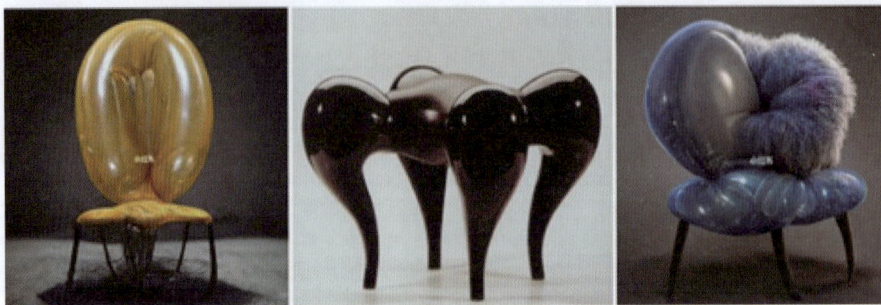

图 4-27　自然抽象形态的模拟与仿生图解(2)

图 4-28　人为形态的模拟与仿生图解

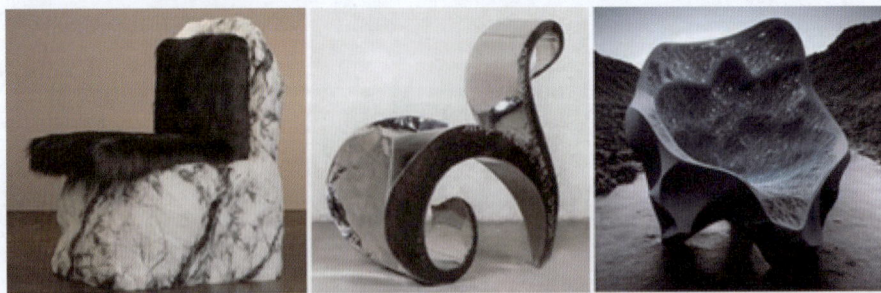

图 4-29　材料纹理/肌理的模拟与仿生图解(1)

图 4-29　材料纹理/肌理的模拟与仿生图解(2)

图 4-30　功能结构特性的模拟与仿生图解

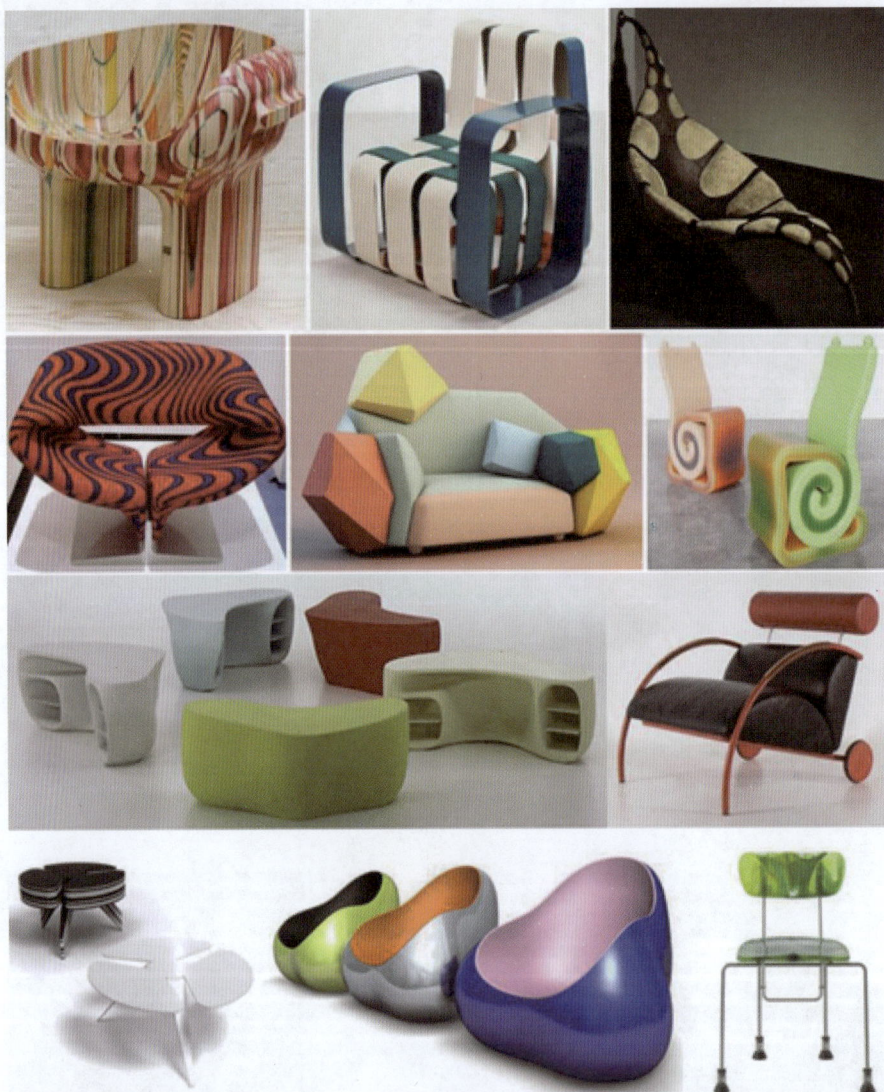

图 4-31　色彩及表面涂饰的模拟与仿生图解

7. 变化与统一

一切事物都在变化中寻求统一，自然物的形成如此，人造物亦是如此。在家具设计中，变化与统一是相互依存又相互排斥的协调原则，它们共同作用于功能、形态、材料、色彩及观念等方面，使家具设计呈现出丰富而和谐的美感。

图 4-32 是一组以最基础的几何形展开的椅具设计。在设计手法上，主要是通过拉伸、扭曲、旋转等多样变化与重组，形成有形态统一美感及空间延展特性的设计。在观

念扩展上，探究从无到有，从一到无限的可能性，突破定式，在统一中求变化，在变化中求统一。扩展设计的无限可能，还可结合形态特性继续探究工艺、材料、色彩延展的可能性和可行性(如图 4-33、图 4-34)。

图 4-32　家具形态特性的变化与统一图解

图 4-33　家具功能特性的变化与统一图解

图 4-34　家具色彩、材料特性的变化与统一图解

课程
思政

（1）关注与关心我们身边美好的事物，善于发现美、鉴赏美、传递美。

（2）善于从中华文化及审美中吸取营养，培养美的情操与价值观。

思考题

要求:

(1)结合自己拍摄的资料应用形式美法则对造型、空间、运动、比例、透视等进行现象分析(可各自选择美的形式法则特性进行图形解析)。

(2)针对搜集的资料进行分析交流。

第五章 家具设计的创意思维与方法

【重点】

掌握创意思维的基本方法，增强感知事物的能力，要善于表达自己的观念与设想，不断提高思辨能力，激发出创造性思维。

【难点】

敢于挑战自己，大胆陈述和表达出自己的观念与设想。

第一节　创意思维与方法

创意思维是人们在认识事物的过程中，运用掌握的知识和经验，通过分析、综合、比较及概括等思维活动，以新颖独特的方式揭示客观事物的本质及内在联系，并指引人们去获得对问题新的解释。创意思维是一种综合运用形象思维和抽象思维的高级思维形式，在过程或成果上突破常规，有所创新。

1. 创意思维的特性

创造性思维是在一般思维基础上发展起来的，是人类思维的最高级形式，是以新的方式解决问题的思维活动。创意思维强调开拓性和突破性，在解决问题时带有鲜明的主动性，这种思维与创造活动联系在一起，往往会体现出新颖性和独特性，能够创造出前所未有的新思想、新观念、新方法。创意思维的社会价值在于推动科技进步和社会发展，满足人们的多样化需求。

2. 创意思维的方法

创意方法是指在创意过程中，运用一系列具体的方法和技巧来激发和引导创意的产生。这些方法通过反复的实践和科学理论的支撑，逐渐形成了一套独立的方法理论。常见的创意方法包括夸张、假设、分解、联想和借鉴等。创意思维的具体方法有发散思维、联想思维、逆向思维、移情思维、问题（缺点）思维等。

　　创意不是灵光乍现的瞬间，而是一个持续的过程，需要不断地探索和实践。它有两个步骤：第一步是构想，就是在心里酝酿一个新颖的想法；第二步是执行，就是用合适的形式把想法表达出来。

3. 创意思维的培养

　　创意思维是一种独特的具有逻辑特性的思维方式，在学习与应用中，要开阔自己的视野、培养广泛的兴趣、丰富生活的体验，同时加强对事物的记忆、联想（想象）的衔接与转化，有意识地培养和扩展自己对事物的思考与表达能力（如图 5-1）。

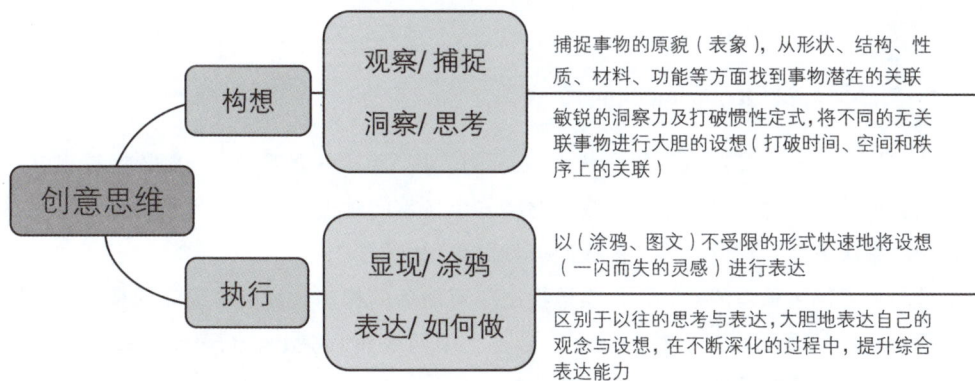

图 5-1　创意思维的主要特性

　　思维导图是一种用于组织和呈现信息的图形化工具，本质强调工具性和逻辑性，旨在帮助人们更好、更快地分析、梳理和解决问题，提高效率（如图 5-2）。

　　在开始绘制思维导图之前，先需明确自己的学习目的和目标，确定思维导图的核心主题，从而选择对自己最有用、最能帮助实现学习目标的信息，放在目录框架里，并不断进行强化和补充，这个过程中要注意把握以下四点。

　　①看到事物的结构。

　　②看到事物的完整性。

　　③看到事物的需求。

　　④了解创意的实质作用。

目标/目的　目标：拟订明确的目标方向（选题定位）
　　　　　　目的：方法与技能——表达的完成度

思维导图要点　动因/动力　动因：为什么而动，有欲望、有想法、感兴趣
　　　　　　　动力：善于发现、勤于思考、有执行力

策略/策划　策略：组织调动、制订架构，整合决断与推行的做法
　　　　　　策划：计划、规划、谋划、如何去做

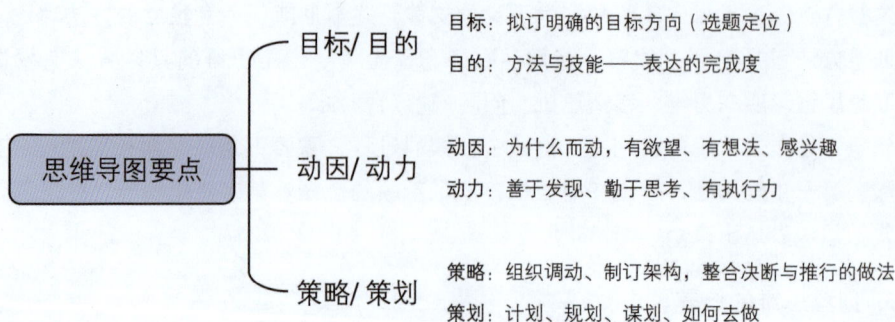

图 5-2　创意思维要点导图

第二节　创意思维的几种基本方法

1. 头脑风暴法（Brainstorming）

头脑风暴法是一种集体创意方法，由美国的亚历克斯·奥斯本于 1937 年提出并应用于创新设计中。它通过组织团队成员围绕一个特定问题进行自由联想和讨论，旨在寻求新颖的解决方案，避免单一、刻板的思维局限（如图 5-3）。

首先，不局限思考的空间，大胆地提出尽可能多的构想，能突破现有的模式，持有不同观念更好。强调集思广益，从不同专业、不同视角，提出毫无限制的多种构想方案，意见越多，得到最佳解决方案的可能性越高。

其次，勇于表达观念与设想。善于交流、整合与改进，并通过实践及归纳整理使之

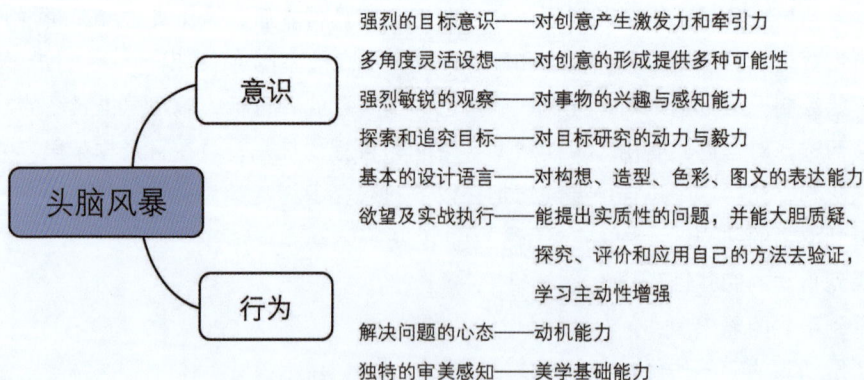

意识　强烈的目标意识——对创意产生激发力和牵引力
　　　多角度灵活设想——对创意的形成提供多种可能性
　　　强烈敏锐的观察——对事物的兴趣与感知能力
　　　探索和追究目标——对目标研究的动力与毅力

头脑风暴

行为　基本的设计语言——对构想、造型、色彩、图文的表达能力
　　　欲望及实战执行——能提出实质性的问题，并能大胆质疑、
　　　　　　　　　　　　探究、评价和应用自己的方法去验证，
　　　　　　　　　　　　学习主动性增强
　　　解决问题的心态——动机能力
　　　独特的审美感知——美学基础能力

图 5-3　头脑风暴训练架构

进一步完善。先期，对所提出的构想不要妄加评判，多思考问题的可行性，让创意不受限制的施展。

最后，搜寻潜在方案的空间，每个人尽可能地发挥个体优势，在观察、思考与好奇中迸发灵感，使富于个性创造动机的主观性与富于活力观察对象的客观性逐步臻于统一。注意诱发智能联想，注重互相激发思考，激励开发潜能，促使创新思想在集体交流中呈现不同的设想。

在头脑风暴训练交流中（如图 5-4），领导者能发挥和调动队员各自的才能和积极性，有周密的计划和时间进度的安排，有把控与整合方案的能力。参与者即核心队员，能听从指挥、协同作战，积极性高，能吃苦耐劳、按要求完成目标任务。

交流时可自由分组，3~5 人一组，在规定的时间内尽可能多地提出自己的设想，并自主进行交流，小组长对陈述的创意构想及解决问题的方法进行梳理，重新整理各类信息，思考并寻找新的问题和解决方法，完善设计。

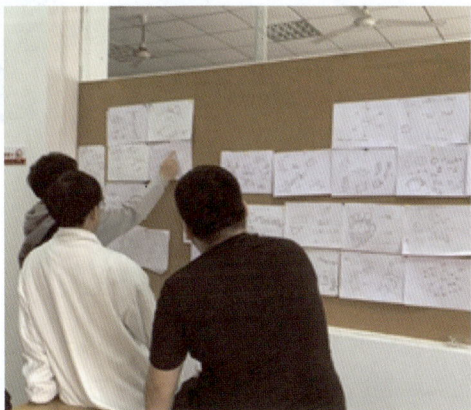

图 5-4　头脑风暴训练交流图

2. 联想思维法

联想思维法是一种通过建立事物之间的联系来激发创意和创新的思维方法（如图 5-5）。它利用两种或者两种以上看似表面没有联系的事物，通过创造性地连接这些事物，使其产生这样或那样的联系，传达出内在的信息，从而触类旁通地引导注意力到外部其他领域和事物上，受到启示，找到超出限定条件之外的新思路。

图 5-6 为设计师 Demeter Fogarasi 设计的 Pinsofa 趣味家具，线球与编织棒的联想应用，对生活中所见、所用的物件进行联想转换，用设计让人感受并享受平常生活中的记忆。

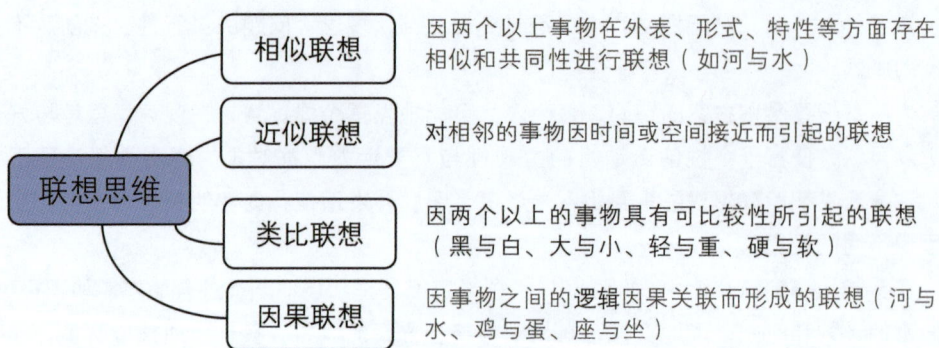

因两个以上事物在外表、形式、特性等方面存在相似和共同性进行联想（如河与水）

对相邻的事物因时间或空间接近而引起的联想

因两个以上的事物具有可比较性所引起的联想（黑与白、大与小、轻与重、硬与软）

因事物之间的**逻辑**因果关联而形成的联想（河与水、鸡与蛋、座与坐）

相似联想

近似联想

联想思维

类比联想

因果联想

图 5-5　联想思维法解析

图 5-6　相似联想家具设计图解

　　图 5-7 的书架设计，以麦子的原生形态、结构特性展开联想，简洁明快地将形态、结构、功能及使用特性完美地表达出来，可以看到使用前与使用后的状态，除展现功能与形态特性，设计还有着极强的寓意特性和视觉美感。

图 5-7　借助自然的因果联想家具设计图解

3. 发散与收敛思维法

发散思维，也称扩散思维、辐射思维，是一种从已有的信息出发，在解答一个问题时，尽可能向各个方向扩展，求得多种不同的解决办法，衍生出各种不同的结果的思维方法。它强调思维的开放性和多样性，以产生尽可能多的创意和解决方案。

收敛思维也称聚合思维，与发散思维相反，它是从已知的前提条件（如方案、设想、思路、知识、经验等）出发，汇聚不同的信息，寻找解决问题的最佳答案，逐步推导出唯一的结果的思维方法。收敛思维强调思维的逻辑性和系统性，以求得最合理、最有效的解决方案（如图5-8）。图5-9为随着年龄可变化的梯椅，即通过折叠，可以变成梯子的椅子。

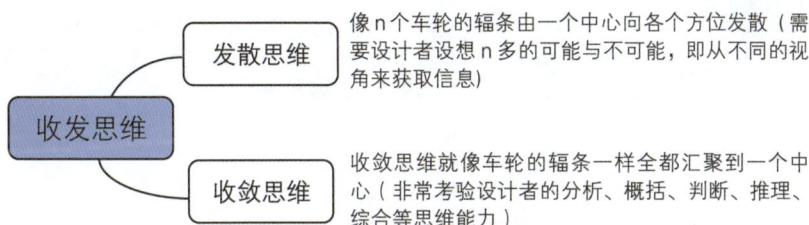

图 5-8　收发思维解析

图 5-9　发散与收敛思维的家具设计图解

4. 逆向思维法

逆向思维是一种打破常规、颠覆传统思维模式的思考方法，它通过从相反的方向去思考问题，不受限于常规的视觉及心理认知，鼓励人们从不同的角度和层面去观察和思考事物，常常导致独创性的发挥，获得独到的见地，为思维与表达提供更广阔的空间（如图5-10）。图5-11为有功能与无功能特性的设计，强化用概念、观念特性去引导设计。图5-12则是设计观念、设计的表现形式及材料结构特性都有别于常规性的设计和认知。

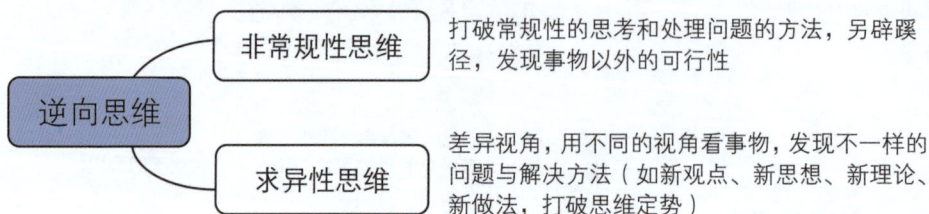

图 5-10　逆向思维法

图 5-11　逆向思维家具设计图解

图 5-12　逆向思维的家具设计图解

5. 求异思维法

求异思维法是一种突破传统思维模式，通过追求差异和独特性而产生新创意的思维方法，它摆脱了求同思维的束缚，不满足于现有的成果和常规的解决方案，不受已有的经验和规则的限制，标新立异，独辟蹊径，具有较强的奇特性和独创性（如图 5-13—图 5-15）。

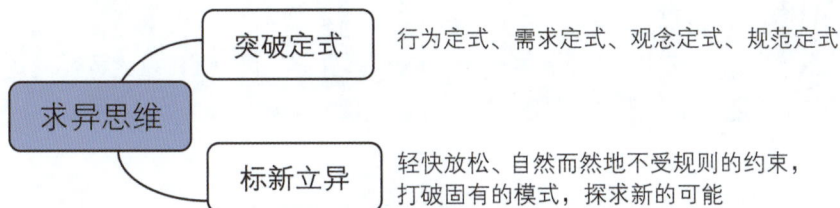

图 5-13　求异思维法

图 5-14　求异思维图解(1)

图 5-14　求异思维图解(2)

图 5-15　求异思维图解

6. 突变思维法

突变思维法是一种强调变化过程的间断或突然的转变的思维方法，它具有瞬间性、偶然性、特异性和突破常规的特性，是设计中有独特意义、最能突破定式的观念与表达方式，它能激发我们的灵感，为设计创新找到新的语境及表达形式（如图 5-16）。

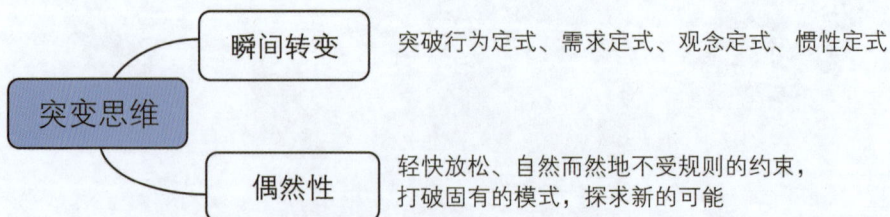

突变思维

瞬间转变　　突破行为定式、需求定式、观念定式、惯性定式

偶然性　　轻快放松、自然而然地不受规则的约束，打破固有的模式，探求新的可能

图 5-16　突变思维法

突变思维法有观念特性突变和表达特性突变，其中，表达特性突变包括功能、材料、形态、色彩构造工艺等特性的变化（如图 5-17）。

图 5-17 突变思维法

7. 问题思维法

问题思维法也称缺点列举法，是一种通过识别和分析事物的缺点及不足来激发创新思维和解决问题的方法，缺点思维不仅关注如何克服缺点，更强调巧妙地利用这些缺点，从而实现意想不到的创新和价值转化（如图 5-18）。

①观察视角——看到的与感受到的。

②本质问题——直接的不满与无意识的需求。

③思考思变——设计可实现的不变的变化。

④目的方法——轻松、自在、随意、随性。

问题思维

提出问题 — （1）不好用、不经用、不爱用；不方便、不合理、不美观、不实用、不省料、不便宜、不安全、不省力、不耐用；等等
（2）为什么不好用、不经用、不爱用，用什么方式可以解决这些问题
（3）不能随性、不自在、不随意

解决问题 — 以不满为关注动因，尽可能多地提出可能与不可能解决问题的方法，对所思所想的问题进行设计（文字和图形记录性表达），有决断性的选择后进行认证

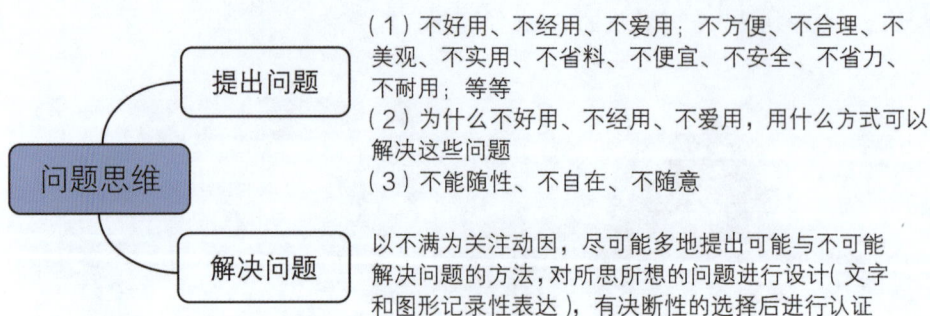

图 5-18　问题思维法

　　图 5-19 即为问题思维的家具设计"坐与座"的无意识行为。坐的行为需求给我们传达和提供哪些信息？我们要善于发现问题，并思考在解决这些问题时，该应用怎样的方法与手段，通过哪些新思维模式重塑服务需求特性（空间环境、功能与行为、规范与延展、审美及人的无意识行为需求等）。图 5-20 即体现了"坐与座"的使用变化延展，突出了形态与功能外在与内在的关联。

图 5-19　问题思维的家具设计图解

图 5-20　问题思维的家具设计图解

第三节　创意思维扩展应用图解

　　户内及户外家具在设计与应用中具有可扩展的多重特性，坐卧、凭倚、储存、嬉戏，各类家具原来单一的特性都在发生功能与使用方式的改变。如图 5-21 为可攀爬、可嬉戏、可多样变化组合的公共休闲椅，体现了创意思维的实现。

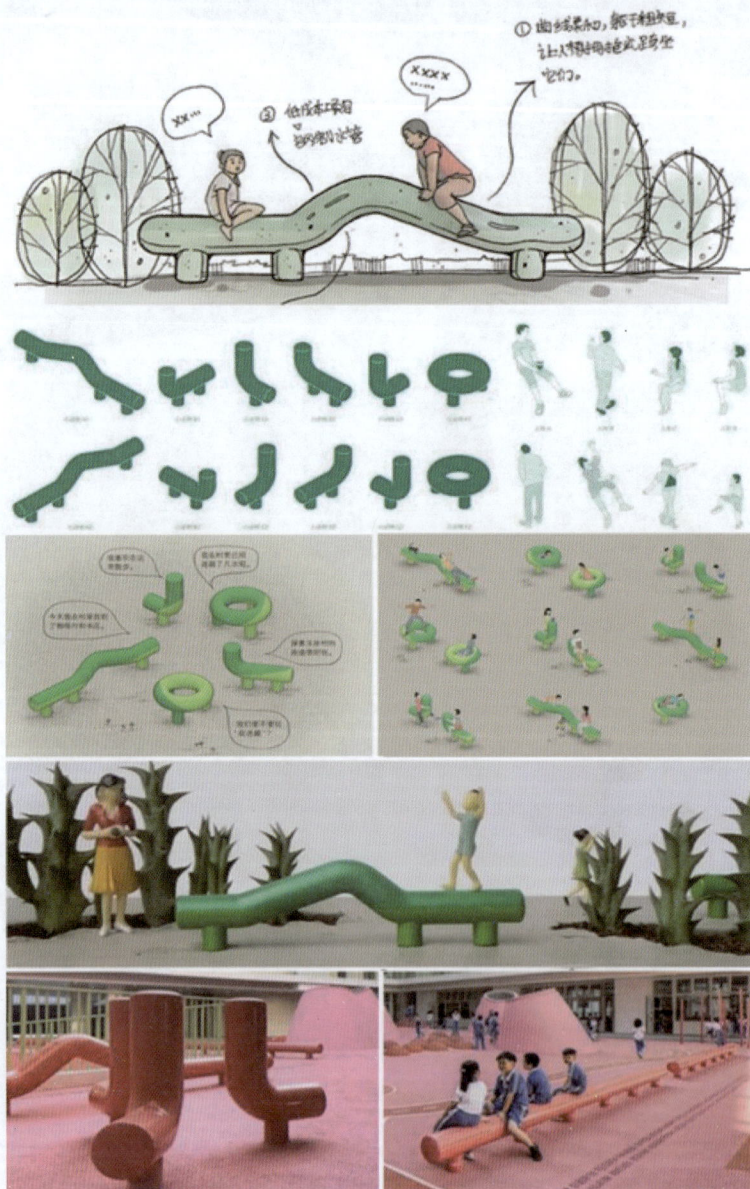

图 5-21　家具设计创意思维与实现过程图解

课程思政

(1)采用新颖、独特的思维与探究方式，引导学习者更多地去关注并思考设计如何服务社会、服务经济文化建设，树立正确的人文价值观。

(2)培养敏锐的观察和思辨能力，重视问题导向与解决问题的能力，通过大胆的沟通、协同、交流、探讨，形成责任与担当，促进个人成长。

思考题

结合创意思维的基本方法，从观察的角度去寻找设计的目标，并按过程要求完成各阶段的步骤。

【课程训练要求】

(1)观察与思考——发现问题、寻找原点，可以从形象上、功能上、观念与行为上、需求与不满上找出或发现问题。

(2)记录与表达——快速地对问题及所思进行图文(涂鸦草图)表达。

(3)表述与交流——将所思所想表述出来(集体交流讨论)。

(4)决策与执行——判断力、决策力、执行力，对目标有一个较完善的设计。

(5)整理与总结——有目标、有观点、有方法、有突破及新认知。

第六章 家具设计的程序与方法

【重点】

家具设计程序与方法的核心，在于从基本设计步骤到具体的创意、协作和表达工具的应用。通过深入的案例学习，对家具设计全过程有一个全面的了解，并学会如何在实际中不断创新和改进。

【难点】

如何将理论与实践相结合，如何恰当地选择和使用设计工具，如何深入分析和总结案例，以及如何培养和激发自己的创新思维等挑战。不仅要掌握相关知识，还要具备应用批判性思维的能力。

设计是一项实践性和操作性都很强的活动，设计程序是完成设计最明确、最规范的框架流程，能为设计者提供一个可参照的基本规则，确保设计的连续性和可操作性，也可在应用中不断总结提出新的思路与方法。对基本程序与方法有了一定了解，才能对设计及研究项目进行有目的、有方法、有步骤的探索与实践。

第一节 家具设计的基本程序与方法

一、市场资讯调查分析与设计策划

从实战的角度对家具市场进行全面的调研与分析，通过互联网信息平台和实地的调查，收集各类信息并进行综合性分析，归纳与整理出有价值的信息，形成最初的思路与设想，找到设计命题。

1. 家具市场行情调研

分析当前家具市场的总体状况，包括行业政策、市场规模、增长率、代表性对手（企业、品牌、产品）等，了解市场的需求特性。可用方法与工具有以下几种。

（1）PEST 分析：评估宏观环境中的政治、经济、社会和技术因素。

（2）波特五力分析：评估市场竞争力度。

（3）竞争者地图：通过可视化工具，绘制主要竞争对手的市场情况与品牌特点。

（4）行业市场报告：利用政府与咨询公司发布的行业报告、年度报告等来获取市场数据。

（5）市场深度访谈：与行业内的关键人物进行深度访谈，获取宝贵的见解。

2. 家具市场营销调研

研究家具市场高中低企业的市场营销策略，包括品牌、产品、质量、定价、活动等。可用方法与工具有以下几种。

（1）4P 分析：评估产品、价格、地点和促销策略。

（2）品牌定位矩阵：确定品牌在市场上的位置和差异化。

（3）神秘顾客调查：了解品牌的市场表现和客户反馈。

（4）用户旅程地图：绘制消费者从了解到购买的整个过程。

3. 家具消费群体调研

了解目标消费群体的生活方式、价值观、购买习惯、购买力、购买喜好及购买动机，以确保足够了解目标用户群体。可用方法与工具有以下几种。

（1）问卷调查：通过问卷收集消费者的意见和反馈。

（2）焦点小组：深入讨论特定主题，获取深入的见解。

（3）日常生活观察：通过实地观察了解消费者的日常生活和家具使用习惯。

（4）情境分析：模拟消费者购买时的各种情境，了解其需求和痛点。

（5）文化探针：通过特定的任务和活动了解消费者的文化观和价值观。

4. 家具销售渠道调研

分析代表性家具产品的销售渠道，如家具博览会、家具展销会、家具卖场、品牌实体店、在线商店等，了解各种渠道的优势、劣势和趋势。可用方法与工具有以下几种。

（1）销售渠道地图：绘制所有销售网点和渠道的布局和特点。

（2）渠道体验评估：模拟消费者的购买体验，评估线上、线下各渠道的优劣。

（3）多渠道策略分析：调查如何在多个渠道上提供一致的品牌体验。

（4）渠道合作伙伴访谈：与渠道合作伙伴讨论合作的现状和挑战。

5. 家具设计行业调研

通过对专业设计公司、企业设计、研究机构的调研，了解家具设计的发展趋势、技术创新、行业方向等，确保后期设计工作的前瞻性和创新性。可用方法与工具有以下几种。

（1）设计趋势分析：参考国际设计奖项和家具展会作品，了解最新设计趋势。

（2）设计师访谈：访谈行业内设计师，了解家具领域设计趋势。

（3）技术和材料研究：了解新的制造技术和可持续材料。

这一阶段设计者要有明确的目标与规划，在调研过程中发现和总结设计机会，从而找到有孵化价值和发展潜力的家具设计命题。

二、设计目标拟定与设计展开

1. 定义问题

对从市场调研中收集到的大量信息进行有效整合和分析，拟出设计中存在的各类问题，并进行有针对性的分析研究。

（1）数据分类与可视化

在家具设计的市场调研过程中，会收集到大量的定型数据和定量数据。为了更有效地利用这些数据，可使用可视化手段更直观地理解和解释数据。

可用方法与工具有：

①图表类型：将数据转化为图表（柱状图、饼图、散点图、树状图、雷达图等）。

②图表制作：利用 Excel、Power BI、Tableau 等工具创建图表。

（2）关键洞察

基于对所收集数据的分析，从功能、形态、材料、工艺等角度提炼出关键的洞察，从人体工学、可持续性、智能化、多功能性、文化融合、用户体验、空间优化、定制化、色彩应用、环境适应性等方向进行思考，为后续的设计工作找到可能的突破方向。

可用方法与工具有：

①目标用户画像：基于用户数据，创建具有代表性的用户画像。

②项目 SWOT 分析：通过分析市场和设计的优势、劣势、机会和威胁，得出关键洞察。

（3）明确目标

通过关键洞察可得到诸多设计方向，在有多个设计方向时，可根据设计项目总体目标，从用户需求与偏好、市场机会、技术可行性、成本效益分析、品牌定位与策略、创新性与独特性、可持续性、执行团队的能力与偏好等方面，选择一个或几个角度来判断哪些目标是最重要的。

一个明确的设计目标，不仅定义了设计的期望结果，明确了项目的方向和焦点，还能为团队提供共同的参考点，确保所有人都朝着相同的方向努力。

可用方法与工具有：

①电梯宣言：一个简短、有说服力的描述，用于快速、简洁地传达一个想法、产品、项目或个人的价值主张。

②利益相关者访谈：与项目的所有利益相关者(如客户、导师、用户、团队成员等)进行访谈，了解他们的期望和需求，以确保设计目标的全面性和准确性。

③5W1H 分析法：指对选定的项目、工序或具体操作，都要从原因(何因 Why)、对象(何事 What)、地点(何地 Where)、时间(何时 When)、人员(何人 Who)、方法(何法 How)六个方面提出问题并进行思考。

④Mood Board(情绪板)：用于表达设计师对一个品牌、产品或主题的理解。它由相关的色彩、影像、文字或其他材料等视觉元素组成，这些元素汇集在一起，形成设计方向与形式参考。

⑤产品设计规格书：用于说明设计方式、预期达到的目的，以及设计和需求的符合程度，确保产品后续的设计和开发能够满足使用者的需求。产品设计规格书是产品生命周期管理中的重要文件之一。

(4)创意构想与概念生成

这个阶段开始进行大量的创意生成和概念探索，目的是找到一个或多个有潜力的设计方向，并通过概念草图和 AIGC 辅助工具快速表达。

可用方法与工具有：

①头脑风暴：团队成员聚集在一起，自由地提出各种想法和建议，不受任何限制。

②思维导图：使用图形化的方式组织和连接各种想法，帮助设计师更好地理解和探索概念。

③创意草图：将想法通过手绘或 AI 转化为初步的视觉形式，帮助团队更直观地理解和评估概念，包括概念草图、细节草图和结构草图。

④故事表达：通过连续的图像或草图描述家具的使用场景和用户体验。

⑤原型制作：创建简单的家具模型或原型，帮助团队验证和测试概念。

2. 设计实施

(1)方案筛选

进行功能分析、结构分析、材料分析和工艺分析，全面考量设计方案，对选定的设计概念方案进一步细化，通过手绘效果图、三维立体效果图等手段来思考和表达所有的细节。

可用方法与工具有：

①计算机辅助产品设计：AutoCAD，Rhino 或 SolidWorks，进行详细的 3D 建模，利用 Keyshot、Blender、Cinema 4D 等进行效果图渲染。

②材料资源库：大型的材料供应商能提供诸多材料信息，如 Material ConneXion。

③DFMA 理念：面向制造和装配的设计，强调在产品设计阶段就考虑制造和组装的需求。

(2)方案实施

筛选出方案，完成三视图、工程图、模型制作。设计产品展出的形式和配套设计方案。

可用方法与工具有：

①3D 打印：快速成型技术，可低成本、快速地打印复杂造型。

②手板制作：通过传统 CNC 等加工手段完成产品模型的制作。

3. 设计评述与展示

（1）设计评述

设计评述可大概分为三类：一是阶段性的讲评，包含设计者之间、设计者与指导者之间的交流评述；二是企业及甲方与设计者之间的交流评述；三是设计者与使用者及市场交流信息的反馈，即产品设计完成后，收集客户和用户的反馈，评估最终的设计成效。如图 6-1 为项目评价标准雷达图。

（2）展示及汇报

制作完成全过程的作品展板、实体模型展示及汇报 PPT。每位设计者就自己设计的创新点、创新方法和突破点进行讲述，课程指导老师及企业导师对其进行讲评。

（3）市场反馈

在线下将样品供项目利益相关者试用和评价，线上将设计投放到目标人群活动的社群或网站，收集用户和市场反馈，并根据反馈进行必要的调整。

可用方法与工具有：

①用户测试：观察用户在真实环境中使用产品的情况，收集他们的直接反馈。

②社交媒体监听：监控社交媒体上的评论，了解公众对产品的看法。

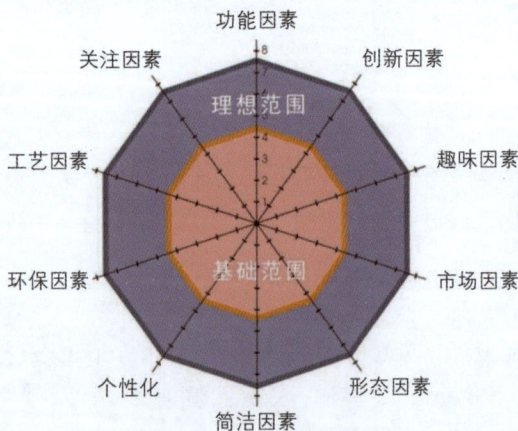

图 6-1　项目评价标准雷达图

第二节　创新家具设计实践流程

案列一 利用 AIGC 进行概念设计——"Couch in an Envelope"

宜家研究实验室 Space10 和设计工作室 Panter & Tourron 进行了名为"信封里的沙发"项目，人工智能参与了该设计流程(如图 6-2)。

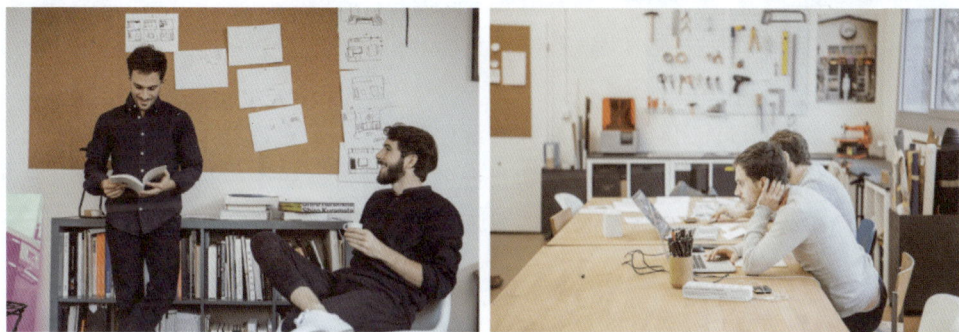

图 6-2　设计师进行前期调研与讨论

项目以质疑传统沙发为开端，通过对市场和现有产品的分析总结，洞察到为了舒适，大多数沙发设计的体型庞大而笨重，复杂的设计给环境带来压力，在搬家时沙发也成为一种负担(如图 6-3)。

图 6-3　传统沙发存在的问题

设计团队将沙发重新构想为轻质可折叠座椅设计。在人工智能工具和平台上，输入"沙发"一词时得到的结果总是常见的、千篇一律的外形。通过输入"平台""轻量级""可持续""易于移动"和"对话坑"等替代提示，逐步引导 AI 设计出数百款不同的草图。人工智能的高效参与，帮助设计团队考虑到各种坐姿、用途、形式等(如图 6-4)。

图 6-4　项目由 AIGC 工具生成的部分概念草图

设计实施阶段，设计团队介入，最终的设计包括一个平台底座上的绿色座椅系统，配有细长的软垫泡沫座椅以及模块化和可折叠的"翅膀"，"翅膀"可以用作靠背和扶手或书架。该产品选择了铝制底座、菌丝体泡沫垫和基于纤维素的 3D 针织内饰，因此将完全可回收（如图 6-5、图 6-6）。

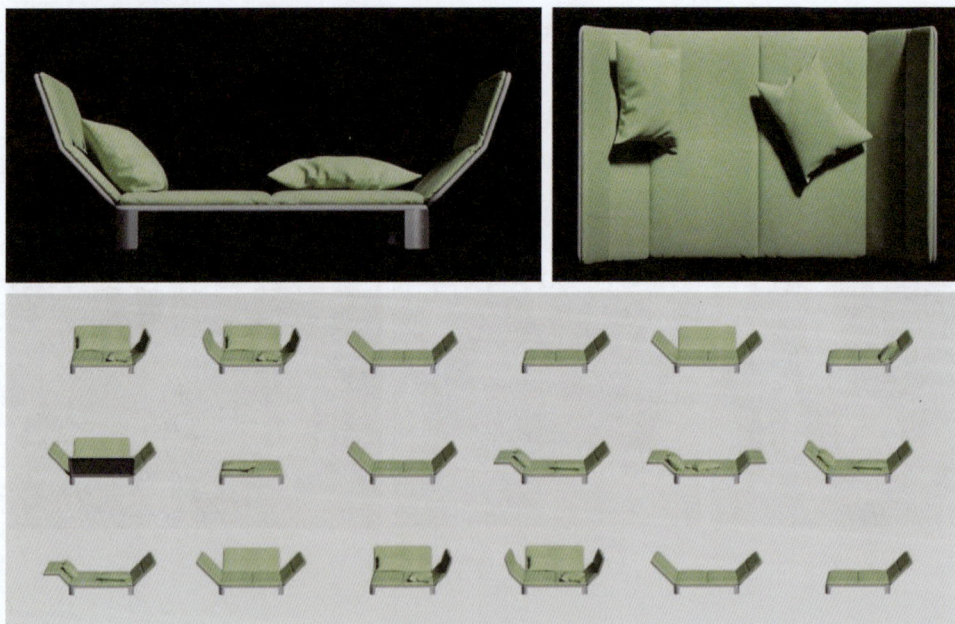

图 6-5　沙发的形态与变形组合形式(1)

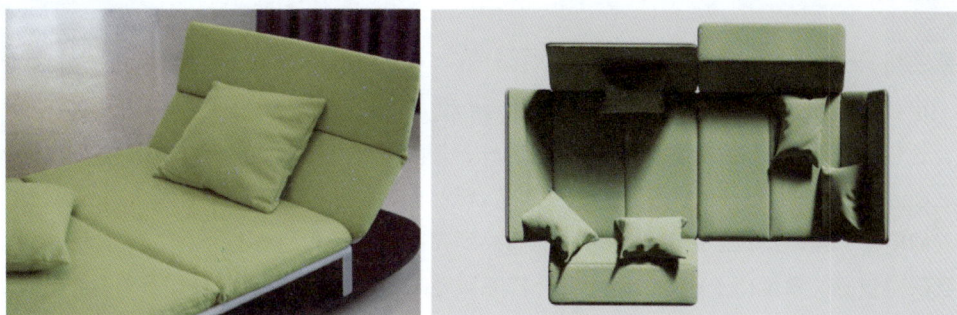

图6-5　沙发的形态与变形组合形式(2)

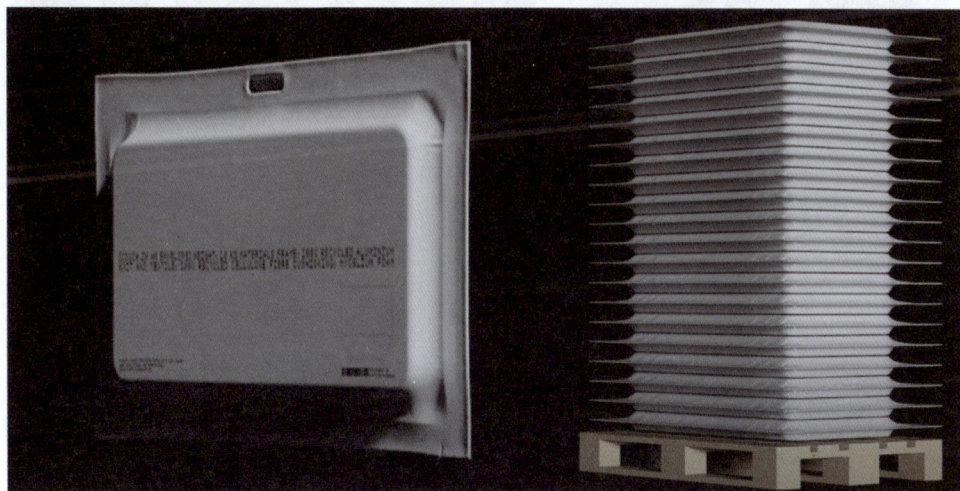

图6-6　沙发的包装设计

最终沙发重量仅10kg，并被放入一个形似大号信封的包装中，易于运输和配送。采用模块化设计，无须螺丝，易于组装和拆卸，还能拼成更大的沙发，满足千人千面的需求。

人工智能在项目中扮演了"创意合作者"的角色，当涉及材料成分等其他因素时，人工智能能够提供的帮助不大。例如，它对"可持续"提示的反应只是看起来像可持续产品，但实际上可能并未使用可持续的材料。所以，人工智能能够获取的只是每个人使用沙发感受的简单积累，并不应该决定设计方向，人类设计师的价值在于与生俱来的主观能动性。

案列二 在商业上保持成功——伊姆斯躺椅

伊姆斯躺椅由著名设计师 Charles Eames 和 Ray Eames（伊姆斯夫妇）于 1956 年设计，这款椅子是现代家具设计的代表作之一，以其舒适性和经典造型而著称。设计初期，Charles 和 Ray Eames 希望设计一款结合现代美学和创新工艺，能够反映当时生活方式的椅子，同时提供最大的舒适度。他们找到英国经典的俱乐部椅造型，同时还从棒球手套获得灵感，希望椅子能像棒球手套一样完美地贴合使用者的身体（如图 6-7、图 6-8）。

图 6-7 切斯特菲尔德俱乐部椅和棒球手套

图 6-8 伊姆斯夫妇工作室与团队

在概念设计阶段，他们尝试了金属、玻璃纤维、塑料等材料，最终决定使用他们自己发明的具有良好强度和可塑性的模压胶合板材料。这种材料源于他们在"二战"期间的发明，在此期间，他们为军方制造由模压胶合板制作的护具、担架、滑翔机的机壳，"二战"结束后，他们便着手将这一技术运用于这次设计中（如图 6-9）。

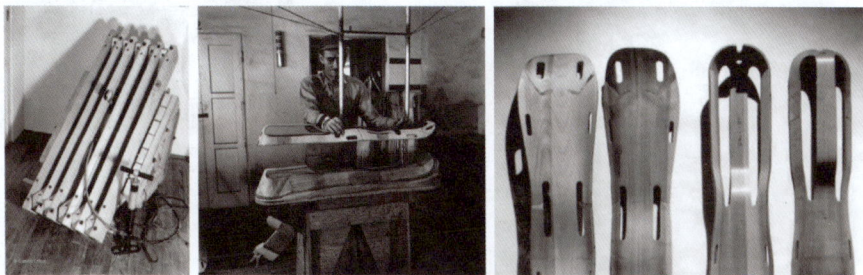

图 6-9　"Kazam"胶合板加工机器及生产的护具产品

在设计实施阶段，1944 年，团队利用模压胶合板设计制作了一款名为"伊姆斯1944"的实验性质的休闲椅，以此为基础一共制作了多达 50 个原型。每个原型都要经过详细的人机工程学测试，以评估产品的舒适性（如图 6-10—图 6-12）。

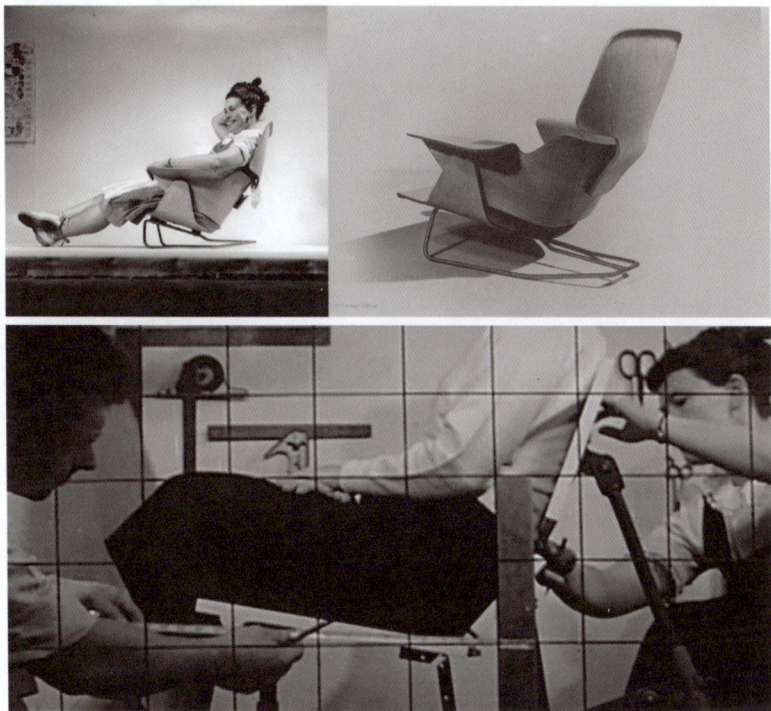

图 6-10　"伊姆斯 1944 休闲椅"以及对原型进行人机工程学测试

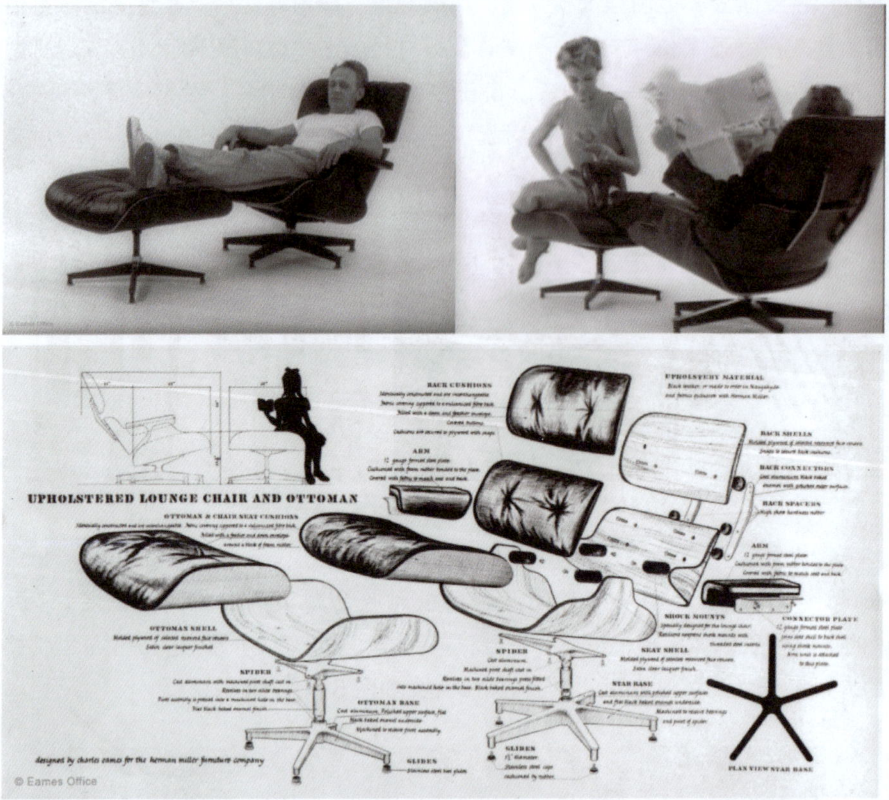

图 6-11 第一代伊姆斯躺椅以及结构设计图

图 6-12 由 Herman Miller 制造的伊姆斯躺椅

第一代由伊姆斯夫妇工作室小批量制造的躺椅脚蹬为可旋转的，为了儿童在使用时的安全又改进为固定式的。最终量产版的椅子由 Herman Miller 和 Vitra 两家公司生产。目前产品根据市场反馈仍在持续改良，包括更多的皮革选项，不同的颜色和纹理，以满足消费者的个性化需求；引入一些可回收材料，如再生皮革和环保胶合板；对椅子的尺寸和角度进行了微调，使其更适合长时间使用；引入一些新的连接技术，使椅子的组装更加简单和稳固；不断地更新生产工艺，逐步引入现代化的生产设备（如图 6-13、图 6-14）。

图 6-13 *伊姆斯躺椅适应多样化审美需求及身高要求的设计*

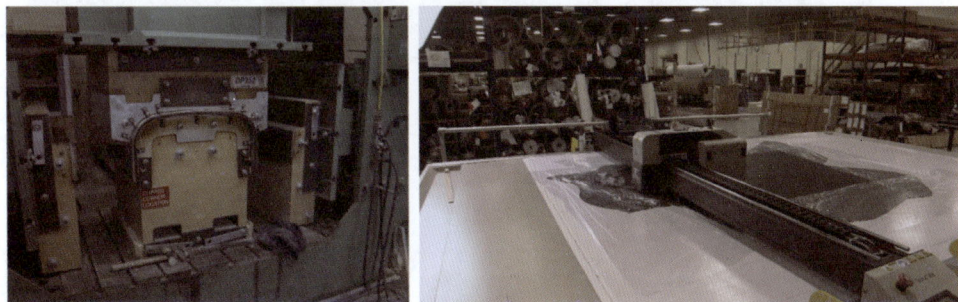

图 6-14 *用于伊姆斯躺椅制造的胶合板机床和数控皮革切割台*

经过几十年的市场考验，伊姆斯躺椅仍然受到消费者的喜爱，并被多家博物馆收藏。它的成功和长期畅销不仅仅是因为其初始经典的设计，更是因为设计团队持续响应市场反馈和用户需求，并不断对设计进行改良，从而形成设计程序中的良性循环。

案列三 **完整的概念设计流程——"凹凸"秸秆板家具设计**

"凹凸"秸秆板家具设计项目由陈天舒设计师（毕业于英国皇家艺术学院，现为China Daily 英国办公室服务设计师）完成。经历了背景调研、提出方向、加工技术调研、市场情况调研、用户研究、设计机会洞察、系统设计、造型设计、测试与实验、品牌设计、展陈设计等环节，最终输出一项比较完整的家具概念设计方案（如图6-15）。

秸秆板是一种环保材料，它是通过将农业废弃物秸秆经过一定的加工处理，压缩成板材来进行使用。秸秆板可以更加高效地利用农业废弃物，减少环境污染，同时也提供了一种资源回收的路径。

图6-15 "凹凸"秸秆板家具设计项

课程思政

(1) 团队合作的力量：设计不仅仅是一个人的工作，更需要团队的协同合作。利用先进的工具进行团队合作可以提高效率，确保设计的连续性，并促进创意的交流和碰撞。学生可以认识到，与团队成员有效沟通、分享想法和接受反馈是实现优秀设计的关键。

（2）持续改良的哲学：设计永远都不是一次性完成的。即使一个产品已经投入市场，也需要根据用户的反馈和市场的变化进行持续改良。伊姆斯躺椅的例子展示了如何通过持续的设计改良来维持一个产品的市场地位，提高其生命力。

（3）持续关注社会需求：市场、技术和用户需求都是不断变化的。作为设计师，需要具备对这些变化的敏感性，并能够迅速适应和应对。这不仅需要技术和知识，更需要一种开放的心态和持续学习的习惯。

思考题

团队快题家具设计（自命题）

【提示】

接受目标任务后，需先进行广泛的资讯搜寻，并对所搜集信息加以分析判断，以全新的视点去进行创意构思表达，并逐步使之具体化，结合设计程序方法，有步骤、有方法地进行设计实验。

第七章　家具设计+

【重点】

设计应该关注什么

(1)材料与环境保护——减少对环境的破坏和污染，对可再生材料的应用研究。

(2)成本与生命周期——设计应持久耐用，易修复，考虑可拆解、回收，保持经济效益。

(3)文化与社会责任——尊重在地文化，考虑情境匹配性，照顾工人权益和社会公平。

【难点】

形态、功能、材料的融合，体现可持续性。

第一节　家具设计+

设计+是在当今设计多样性日益丰富的背景下提出的，它强调设计不仅要关注产品的功能与外观，还要关注产品与人、环境之间的关系，以及设计对社会和发展的贡献。设计+的核心在于在将服务意识(情感化、交互体验、无障碍)及生态可持续等理念融入设计的过程中，创造出更优质的设计产品。

1. 家具设计的服务+

(1)情感化家具设计

情感化设计是以用户为中心的设计理念，它通过抓住用户注意力、诱发情绪反应，提高用户对产品的认可，从而提高用户执行特定行为的可能性。通俗地讲，就是通过产品的功能、产品的某些操作行为或者产品本身的某种特质，使用户产生情绪上的唤醒和认同(如图7-1、图7-2)。

本能要素即人的本质特性，包含物理特性与心理特性，物理特性如视觉、听觉、触觉等感官感知，即通过形态、色彩、材质等元素来引导用户的感官体验。心理特性则指对美的追求、对安全的需求。

行为要素强调用户在使用产品过程中的体验，包括轻松、愉悦、有趣等感受。行为要素还要考虑用户的个人偏好，如对功效特性、使用特性、审美特性等方面的喜好。因此，在引导消费动因上，好的、有创意的设计有着绝对的优势。

　　反思要素通过引发用户的情感共鸣，使用户在使用前与使用后对产品形成认知与认可度，它比本能与行为更加强调服务设计的目的性和独特性。

图 7-1　设计+(情感化设计)

图 7-2　设计+(情感化设计)(1)

图 7-2 设计+(情感化设计)(2)

（2）交互体验的家具设计

交互体验具有互动性、交流性及语言行为特性，它不仅改变了人与产品之间的关系，还重新定义了产品的功能与价值。具有交互体验的家具设计注重使用者与产品之间的互动过程。交互体验设计的目的是在设计产品或服务中融入更多人性化的东西，让用户使用更方便、更快捷，更加符合用户的操作习惯。

如图 7-3 的设计，营造一种环境气氛，趣味、共情的设计融学习-娱乐-游戏于一体。如今，智能交互体验的设计也越来越多，图 7-4 即为具有调节控制、语音提示、自动按摩等特性的智能健康家居 App 检测系统。图 7-5 为华为智能家居 4.0 产品系统，通过智能终端，以空间场景化特性实现智能化控制，提高居住的舒适度和体验感。

图 7-3 设计+(交互体验)

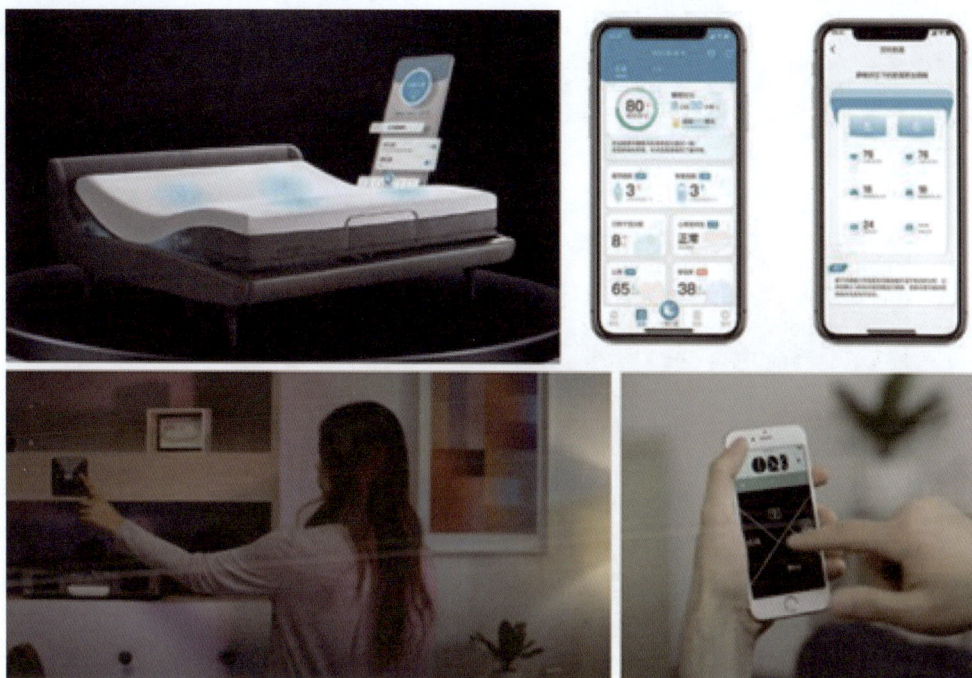

图 7-4 设计+(智能交互体验)

图 7-5 智能化的家具设计

（3）无障碍家具设计

无障碍设计是 1974 年联合国组织提出的设计新主张，强调在科技、文明高度发展的现代社会，一切有关人类衣食住行的公共空间环境以及各类建筑、设备的规划设计中，都必须充分考虑有不同程度生理伤残缺陷者及正常活动能力衰退者的使用要求，在生活、学习、工作、娱乐等各方面，满足其生理、心理双重需求（如图 7-6）。

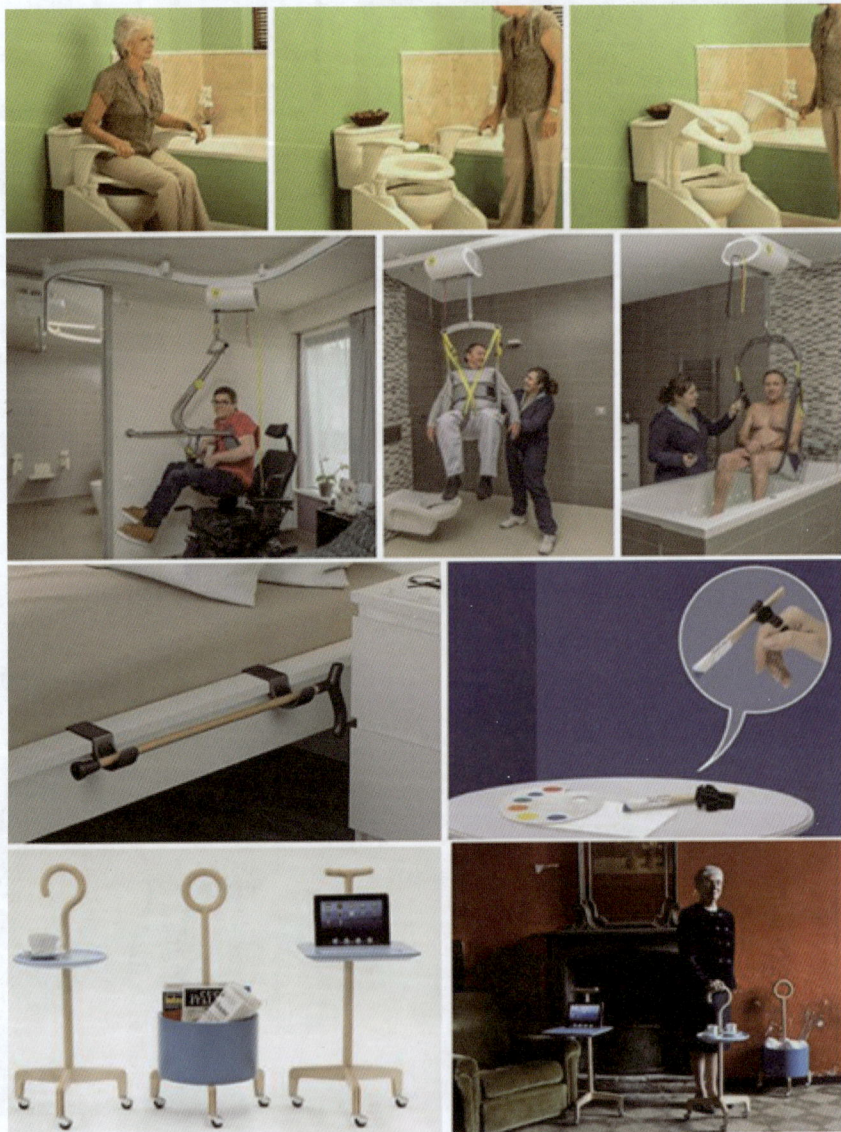

图 7-6　服务+（无障碍家具设计）

　　无障碍家具设计种类十分丰富，图 7-7 是针对有一定生理缺陷群体的设计，可为消费者提供生活的便利，为其行动助力，维护自尊心，是能够满足心理与生理双重需求的家居产品。图 7-8 是关爱特殊群体 (孤独症人群、残疾人群) 设计。图 7-9 为无刻意的设计，产品与人、与物、与空间环境之间实现协调统一，不为坐而坐，似椅非椅、似雕塑而非雕塑，呈现功能特性、形态特性、审美特性及天人合一的协调统一。

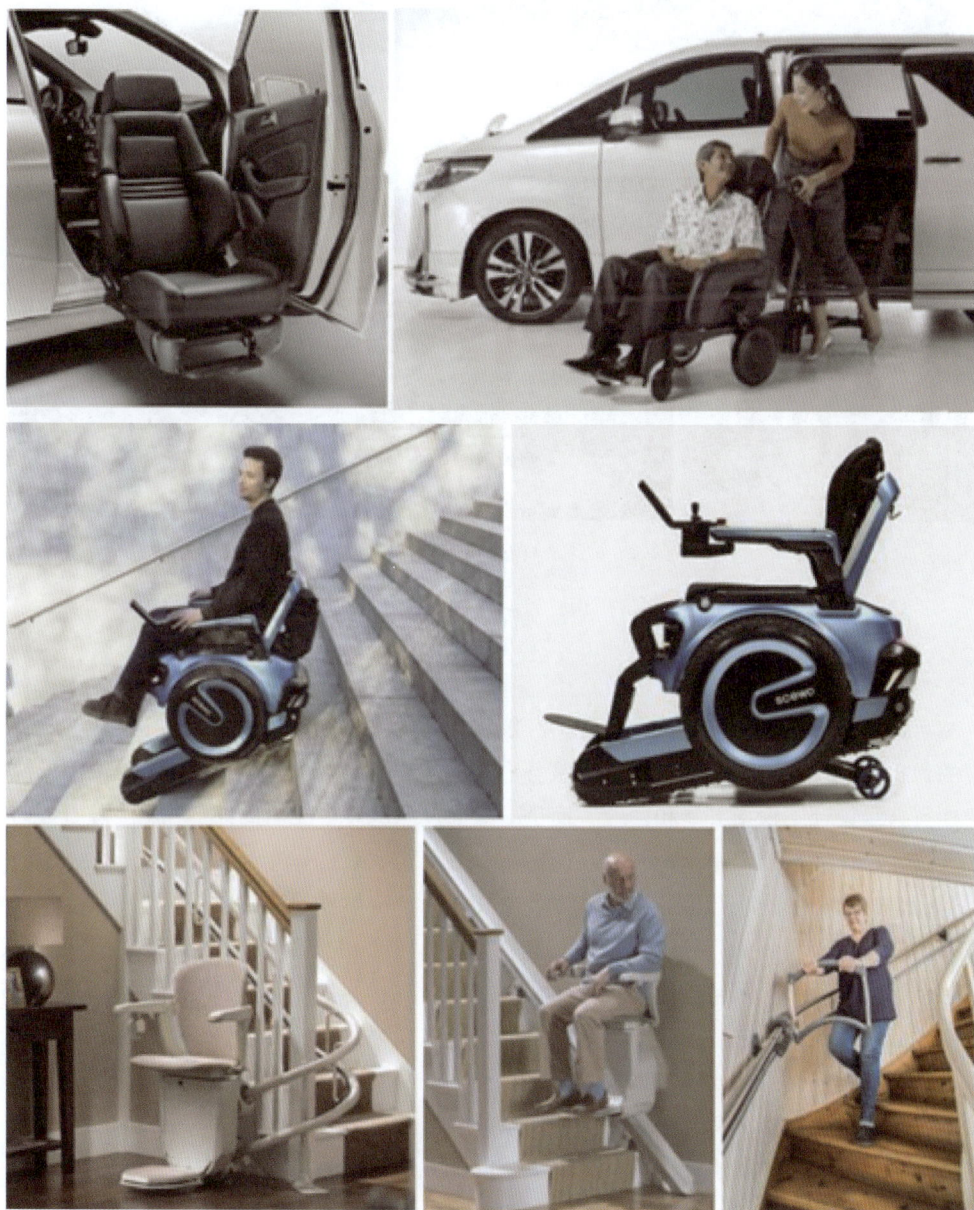

图 7-7　服务+(无障碍家具设计)

图 7-8　服务+(无障碍家具设计)

图 7-9　服务+(无障碍的生态协调观)

2. 未来设计+

可持续设计是一种构建及开发可持续解决方案的策略活动，旨在通过强化设计对环境的保护，实现经济、环境、社会及服务需求的多维平衡，均衡考虑需求问题并引导消费。可持续设计不仅指节能和回收，而是要考虑产品的整个生命周期(如原材料的提前、生产条件、使用与处理等)。可持续设计具有以下五大属性。

(1)自然属性。创造过程中尊重自然本质特性与自然发展特性，使用可降解、可再生的材料进行绿色设计，寻求一种人与自然和谐相处的生态系统。图 7-10 为商业规模化菌丝体材料设计，采用自然生长菌丝培养技术，其材料的替代性及循环再利用性，减少了对传统材料的需求，还是一种零废物的生产方式(生物材料技术公司 MycoWorks 全球首家有商业规模的菌丝体工厂)。图 7-11 也是使用可持续的自然材料合成蜘蛛丝的设计，合成蜘蛛丝由水、酵母和蜘蛛 DNA 制成，是一种光滑、轻盈、有光泽、染色精美的材料，具有天然的防水性，堪称比钢更坚固、更耐撕裂的织物。

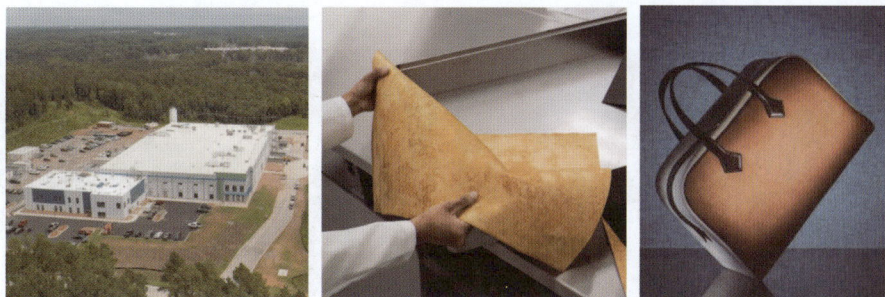

图 7-10　自然属性——商业规模化菌丝体材料

图 7-11　自然属性(凯芙拉纤维更耐撕裂的合成蜘蛛丝)

（2）社会属性。设计应关注人的生存消费与品质消费需求，致力于满足生活需求并提高生活质量。它从社会发展的层面出发，旨在形成可持续发展的共识，引导社会设计目标。人机交互设备是社会属性最好的体现，如图 7-12 所示，可穿戴设备开发研究可检测大脑活动并将其转化为可操作的命令。同时，还有生活空间与办公室空间的转化（如图7-13）。

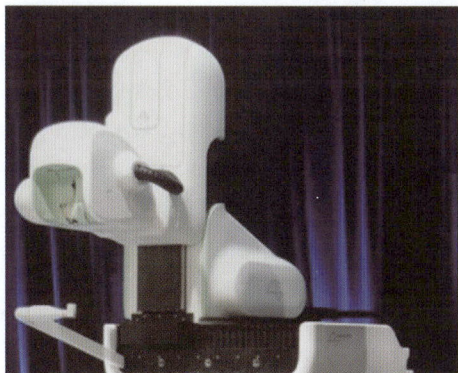

图 7-12　社会属性(人机交互设备)

图 7-13　社会属性(高效协作的共享空间资源)

(3)经济属性。设计在提供商业价值、使用价值、市场效应及系统服务的前提下,通过更高效的生产管理及资源利用的最大化,从技术层面、材料工艺层面,达到可持续发展更高效的经济产出。设计可以带动产业发展,如图 7-14 所示,政府+中央美术学院在成都道明镇竹艺村共建驻传统工艺工作站,依靠艺术院校资源提升地方传统工艺创新设计水平,帮扶旅游发展,提高村民收入。

图 7-14　经济属性(设计带动道明镇竹艺产业发展)

(4)科技属性。设计可利用有效的节能技术,减少能源和其他自然资源的消耗,建立产生极少废料和污染物的工艺和技术系统。图 7-15 为自适应和可重构的家具,麻省理工自我组装实验室(MIT′s Self-Assembly Lab)把 6 个白色零件扔到一个水箱中,受水箱里的电流影响,这些零件找到自己的位置,通过表面的磁铁连接,组成了一把椅子,开创了一种全新的构建方式。图 7-16 展示了生物的可降解塑料 PHA(聚羟基脂肪酸),这是一种高分子生物材料,植物油、秸秆、工业尾气均可作为原料,相对于塑料而言,具有生物可降解、生物相容及环境友好等优势。

图 7-15　科技属性——自适应和可重构的家具

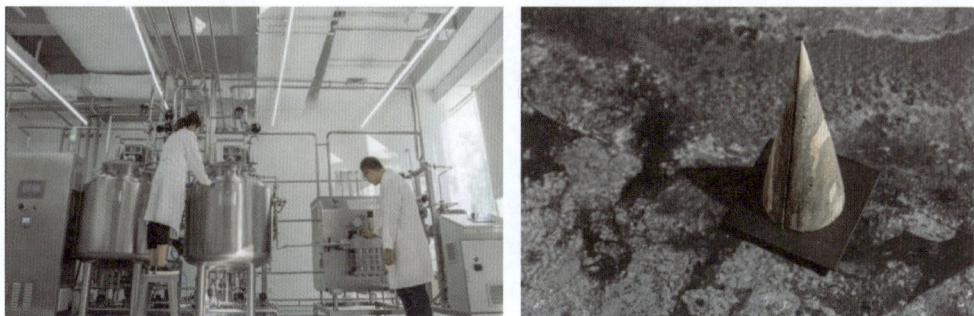

图 7-16　科技属性(生物的可 100% 降解塑料 PHA)

　　(5) 人文属性。设计与人的情感、文化和价值观相互作用，通过设计引导消费行为和动机，形成尊重自然和社会环境的意识，体现以人为本的价值观。图 7-17 即为探讨现代工作姿态和空间规划的示例，设计挑战传统坐着工作环境、交流环境与行为，满足新时代下的生理和心理需求。

　　结合这五个属性，家具的可持续设计才能为创建一个更加和谐、平衡和可持续的未来助力。以下来自不同行业领域的可持续设计研究案例，有助于启发对于家具设计新的思考。

图 7-17　人文属性(The End of Sitting 挑战传统工作行为习惯)

第二节　设计对话+

在设计教学中，通过与优秀的、有代表性的案例进行对话，可以剖析学生设计从原始构想到完善设计过程中存在的不足和差距，在面对困难时，学生需坚守设计初心，通过不断试验和优化，提升设计能力和解决问题的能力。

1. 设计对话(案例一)

(1)动与静的和谐——功能与形式的边缘探索

图 7-18《自由的空间椅》，其设计观念是想打破椅子静止与平行移动的状态，使其能像不倒翁、陀螺一样，既突出了椅子的功能特性，又有无意识随意舒展的特性。

图 7-19 是英国创意设计师托马斯·赫斯维克的设计，完全摆脱了传统座椅四平八稳的模式，陀螺椅没有就座的固定方向，但只要坐进这个酷似大陀螺的椅子，就可以360 度随心所欲地旋转，人们坐在上面想怎么摆动就怎么摆动，但是永远不会倒。巧妙地利用离心力与向心力的平衡，使得这款陀螺椅像是一个不倒翁，成为"解压神器"。

(2)与大师存在的差距

观念概念：有初始共同的观念，但学生观念所面向的范围过窄，未能摆脱椅子的原始用途。

形态特性：旋转、平衡的重心与支撑点的自由度，扩展度不够，未能考虑到双腿离地而自由悬空的空间因素。

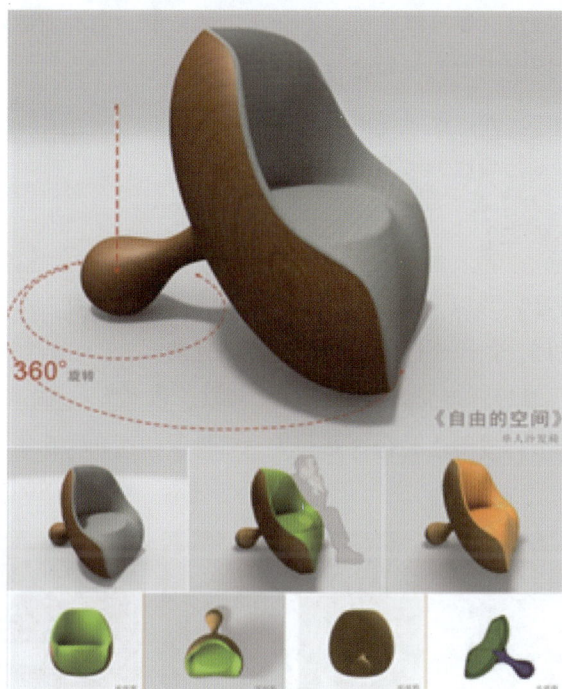

图 7-18　《自由的空间椅》2012(设计：胡西霞)

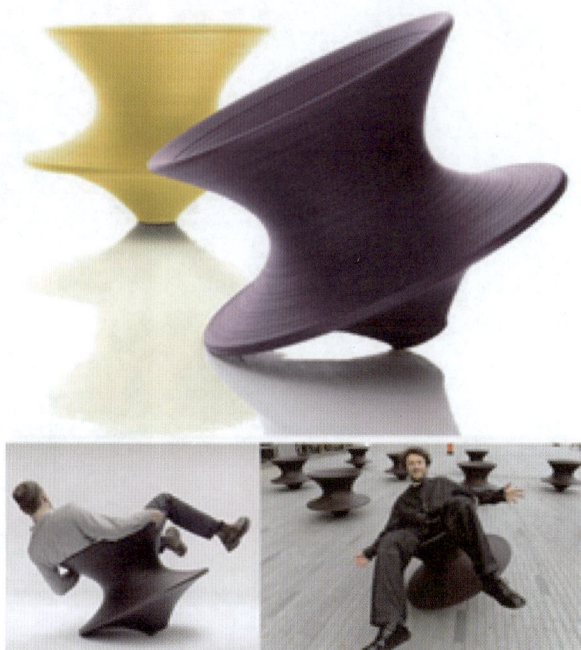

图 7-19　《陀螺椅》

趣味吸引：有挑战性、参与体验性。不受年龄的限制，随心所欲地放松和玩耍。

表面处理：未能摆脱固有的材料特性。

适用范围：户内、户外，休息、娱乐。

工艺技术：平衡工艺与比例尺度。

2. 设计对话（案例二）

俗话说：差之毫厘，谬以千里。反向而思，重新理解"毫厘"和认真对待"毫厘"就会有不同的结论与结局。这也是以对比的形式重新理清创意到实现所需经历的过程。

图 7-20 的水椅，其设计观念以"水"为创意原点，提炼"人、环境、产品"元素，通过形态设计引领，运用构成手法融合自然与人造特性，创造和谐形态。

图 7-20A 《水椅》2013（设计：章文熹、贺南奇）

（1）选题分析

● 设计选题——拟定目标对象"水"。

● 名称及寓意——结合创意思维中的发散与联想思维，从名称、寓意、构造特性上进行联想。

①使用关联——收纳/储藏/依靠/分割/移动。

②形态关联——鱼与水：游动/涟漪/鱼群/水珠/水面/水煮鱼/木鱼/游鱼/生命。

③意向关联——相依/生命/宿命/吸引/际遇/水中故事/拥抱/亲近/清静/流水/止水/生长/朦胧/晶莹/透明/韵律/安静/对话/波澜/守护/力量/流动/隐现/倾斜/变化/穿行/融入/包容/容纳/意境/琥珀/泡泡/聚集/故事/友爱/关爱/躲藏/内外/软硬//鱼水之恋/国画/……

④表达关联——具象形/抽象形/几何形/自由形/有机形/数字形/放射形……

（2）概念草图

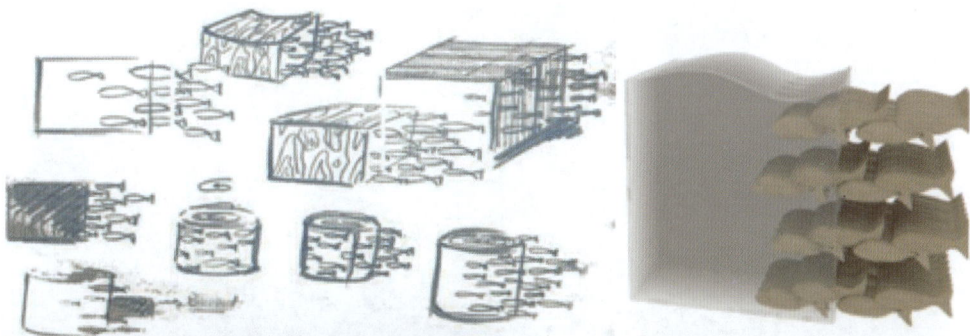

图 7-20B

(3) 设计深入

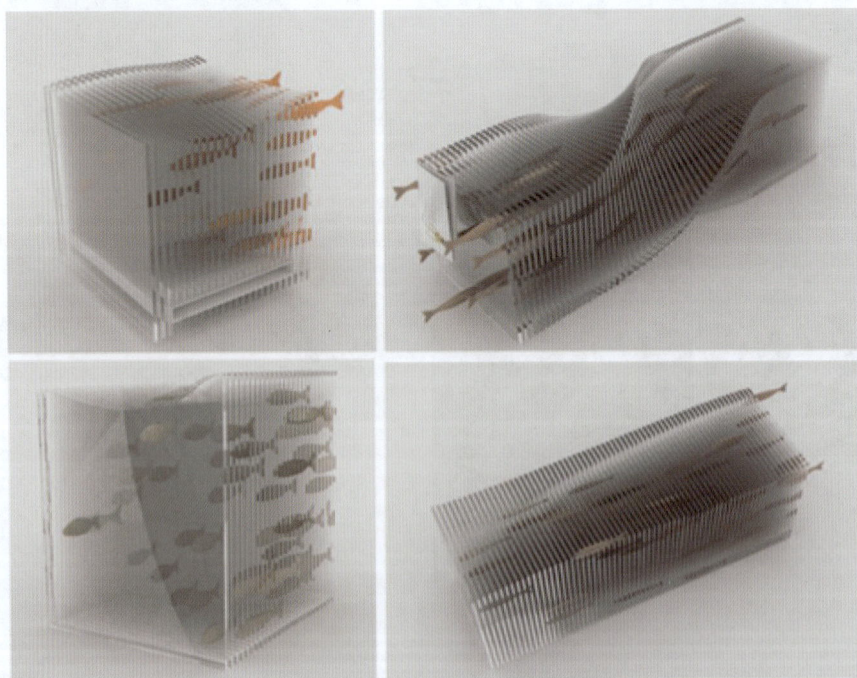

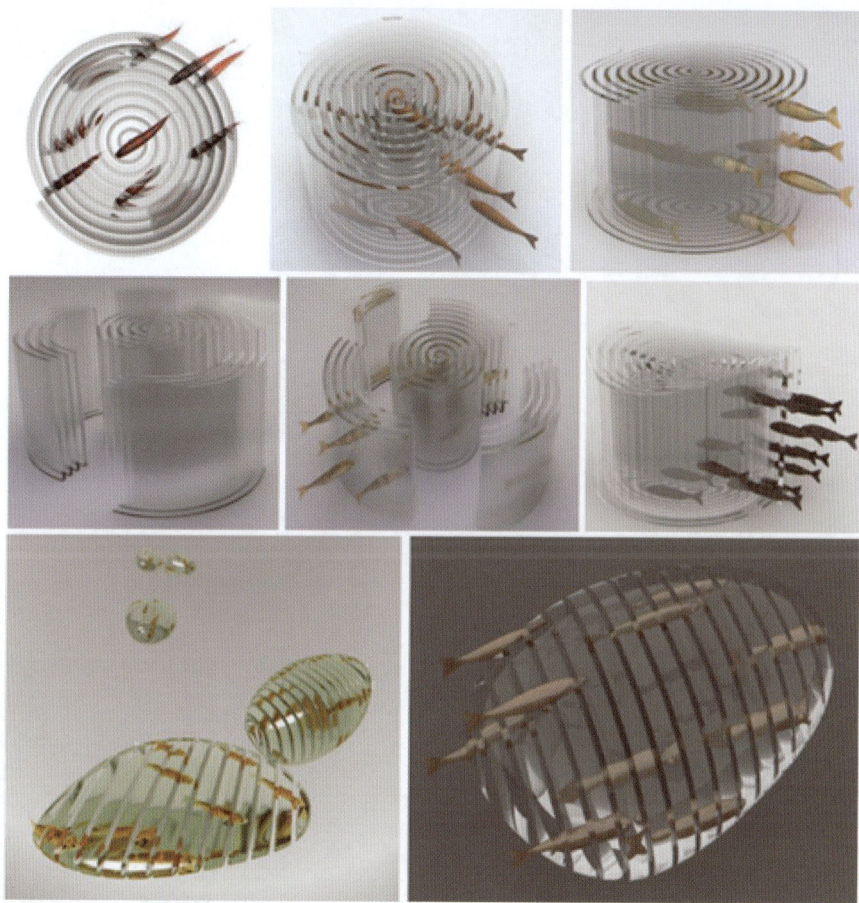

图 7-20C

(4)设计总结

①从原点拥抱偏差。在"水椅"的设计过程中，我们始终将"水"概念作为创意原点。每一次的设计迭代都是为了更好地将"人、环境、产品"三者之间的关系融入我们的产品中，使其既有自然的特性，又具有人造的独特魅力。"差之毫厘，谬以千里"，每一个"毫厘"的出现都会引导设计走向不同的路径。

②深入探索中的抉择。在设计偏差的过程中不断对原始概念进行深入探索和扩展，让我们对"水"的表现和设计有了更深的认知。我们追求形态美感的矛盾统一，试图让"水椅"在外观上呈现出独特性，又保留与水相关的视觉和触感特性。

③找到"0"塑造"10"。在形态的引导下，设计思辨让我们不断反思，在设计的每一步，我们都在进行一场与自我设计价值观的对话。我们逐渐找到形态语言，明晰我们可以通过"水椅"传递的意义，找到自己对于个人表达与社会需求平衡点的理解。最终，有了现在的"水椅"。

不同方向坐！

鱼头向前时旁边露出的鱼尾可以挂包，摆放杂志。

鱼头向下时，坐面内的鱼可压缩，人坐在上面，鱼便有了动感。

图 7-20D

④设计师的塑造与超越。生活经验给予我们独特的视角，而开放的思维则让我们突破框架。成为设计师，需要技术和知识，更需要生活经验和开放思维。生活经验塑造视角与解决方案的能力，而开放思维则能拓展方案的边界和张力。未来，我们要保持对生活的热爱和敏感，从中汲取灵感，持续升华。

图 7-21 所示《无尽之形 EndlessForm》2009—2018，是一个实体 & 虚拟数字椅子结合的数字家具，由计算机算法与人共同创作，每一把椅子都是从数字世界中诞生，但又各不相同，犹如来自数字世界的衍生生物。这是不断衍化，一直生长，窥见未来的椅子设计。

图 7-21A

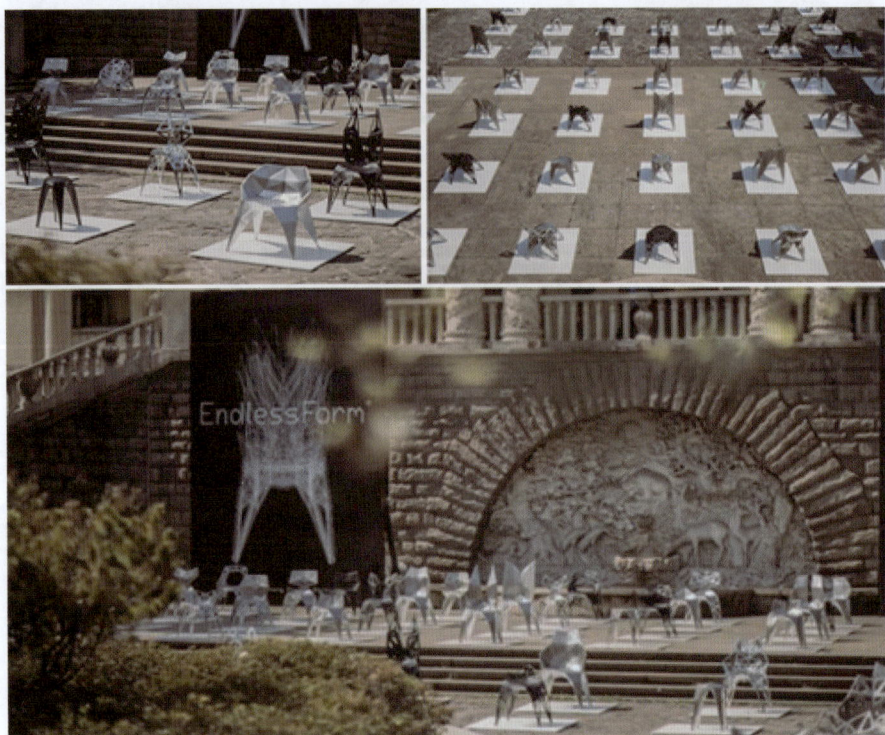

图 7-21B

(5)观察总结

无尽之形的思维之变——做 0 到 1 的事、做 10 到 100 的事。

①市场导向的双重性。以市场为导向，以畅销为目标，促使设计师想尽一切办法，让产品更有竞争力和市场接受度，然而这种模式易引发从 10 到 100 的复制与模仿，忽视原创设计，偏离潜心设计及实验创新的正轨。

②研究与实验的坚守。过程比结果更重要，做事以结果为导向，往往会忽视推导过程，虽然还不完善，但是因为达到一定的目的就简短仓促结题。只有对既定的目标不放弃、不停思考、不断推敲改进，才能得到超出认知的结果。

③造物的观念与方法。造物观念秉承"天人合一、道法自然"，聚焦服务与引领市场创新。思考为什么而设计？服务何人？引领何向？改变何事？造物方法借助技术，实现从概念到产品的转化。

④设计的范畴与边界。设计融合数字与实体、产业与艺术。将人视为"0"，计算机算法作为"1"，算法主导形态创作，衍生出"N+1"无限创意。这种模式使技术和艺术、虚拟与现实之间的边界日益模糊，设计师的角色和边界也变得不再清晰。

第三节　设计构想与实现

在艺术设计教育的"家具设计"课程中，椅子设计极具代表性与独特性。教学应通过实践让学生形成观念认知，掌握技术与方法，解决设计问题，探索家具满足生活需求的方式，思考人与自然的和谐，培养学生的综合设计思维。

一、【案例】小鹿椅——仿生特性的创意构想设计实践

1. 构思

学生在学习中借鉴他人设计和观念在所难免，收集资料旨在扩展知识，加强对于相关资讯、设计信息、设计方法、设计成效的了解，同时提供借鉴指导和目标引导。我们鼓励学生"站在巨人的肩上"，学习借鉴别人的经验、方法和构想，以促进自身发展。

学生常因参考资料相似度过高而缺乏创新，需引导学生加入自己的新构想，通过持续修改完善实现突破。这里我们以具体案例来解析教学中学生遇到的问题及解决这些问题的方法与手段。

全方位收集资料和资讯，能极大扩宽信息量，为设计储备丰富素材。收集时要有想

图 7-22A

法，关注功能与形态、材料工艺、观念概念等多方面的信息，积累印象和兴趣点，为后续设计打好基础。

对资料进行整理与分析时，有的学生会明确设计目标，有的则被造型和形式吸引。在教学中，这既可激发学生兴趣、培养爱好，也能锻炼其解决问题的能力。选择并非一成不变，关键在于不断探索创新（如图 7-22）。

绘制
草图

2

方案
定稿

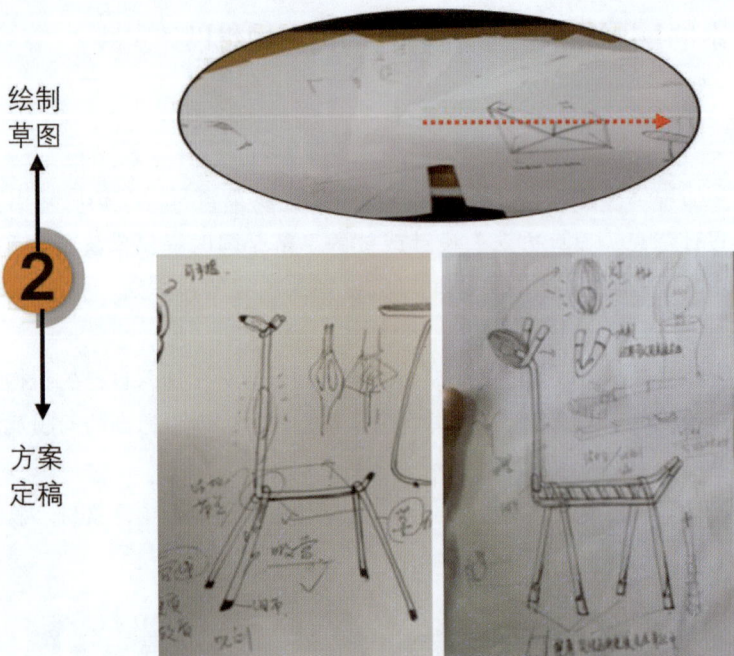

图 7-22B

2. 草图

在前期收集资料的基础上，进行发散性创意构想的草图表达至关重要。每天绘制 20 张草图，每张不少于 10 个图，随意随性地抓住灵感，通过涂鸦来表达创意。

教师的指导建议：①如选择了参照原型但想要有所改变，可从材料上突破，如竹材非常适合造型的延展，除线形，还有编织、剖拉、分解、曲折、卡接等多种可变形式，能带来新的材料、结构及形态语义表达，形成独特的设计语言。

②功能特性延展也很关键，如增加储存空间、照明设施等，都是有效手段。

③还需强调细节处理，深入理解所选材料特性，精准把握其细节，使设计更具深度和品质。

3. 建模与渲染

这个环节要注重细节，比如结构细节、形态细节、组合细节，但材质效果细节需在建模完成后进行多维度的核定。此外，还要注意在建模中形态的比例尺度细节，如粗细、竹节节点、倒角切割及连接组合。

建模
渲染

3

结构
细节

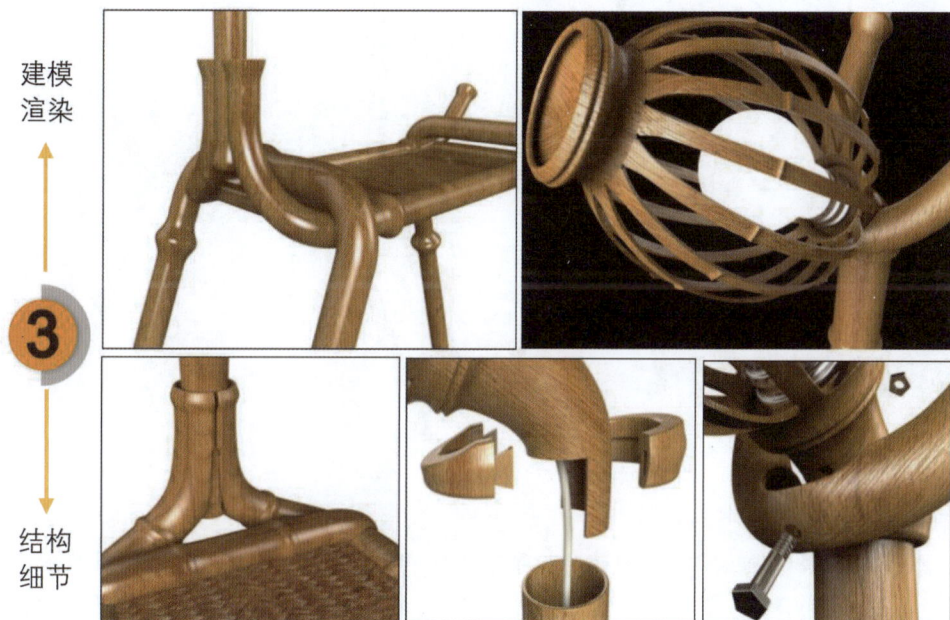

图 7-22C

4. 排版展示

三视图、透视图、效果图、使用演示图都是最后呈现设计方案的有效步骤，也能综合锻炼设计者的表达能力。

课程学习总结

在本次课程中我学到了很多，最开始的时候我的积极性不是特别高，老师耐心地翻看我的草图后，问我在这些草图和收集的资料中喜欢哪些设计和风格，我说喜欢仿生的设计，于是老师结合草图给了我很多建议，并定下了目标，我的积极性也被调动了起来。设计是在建模的过程中不断完善的，在这一过程中我遇到了很多问题，但是在解决这些问题后，我的建模能力和变通能力都得到了很大的提升。在完

排版
展示

4

总结
评析

图 7-22D

成最终模型之前，我们在老师的指导下进行了反复修改，草图—建模—渲染这一系列过程虽然漫长，但是看到自己最终的设计时还是比较有成就感的。虽然我们的作品还有很多不足，但是这个设计过程让我更加相信自己的能力，同时自己还要不断地学习才能使专业能力得到提高。

湖北工业大学

2013 产品 2 班 —— 屈智源 李云妮

指导老师：胡雨霞

二、【案例】铅笔椅——无关与有关的创意构想设计实践

有些设计在初期的设想中看似无关，但其实有着非常多的联系及可变因素，在学习的过程中，学生思维活跃、不缺创意，但是不知如何发现、如何扩展，所以教师要善于发现学生创意原点，合理有效地加以引导(如图 7-23)。

1. 灵感来源

图 7-23A 有选择性的素材

2. 概念草图

在初期的概念、构想的表达中，同学们的表达多借鉴而来，同时有较多困惑。

图 7-23B 有选择性的草图

3. 深入过程

教学中，教师针对问题给出的指导建议至关重要。

（1）面对学生连续一周每天 20 张、近 100 张的草图，教师需引导学生从中挑选有感觉、可扩展的元素深入完善。

（2）在众多可扩展图形中，教师先要有清晰的可扩展思路与想法，才能有针对性地引导学生。

（3）对选择的元素进行关联分析，针对铅笔底座问题，老师可启发学生思考铅笔的功能，如写字和画画。进而引导学生思考画出来的形态是否可以做底座，是否解决了形态与功能问题。又如，教师提问铅笔能否伸拉变形，能否通过伸拉变成有扶手、靠背的椅子，甚至增加灯具及应用透明材料，使其成为多用途的椅子。这些启示问题能帮助学生突破思维局限。

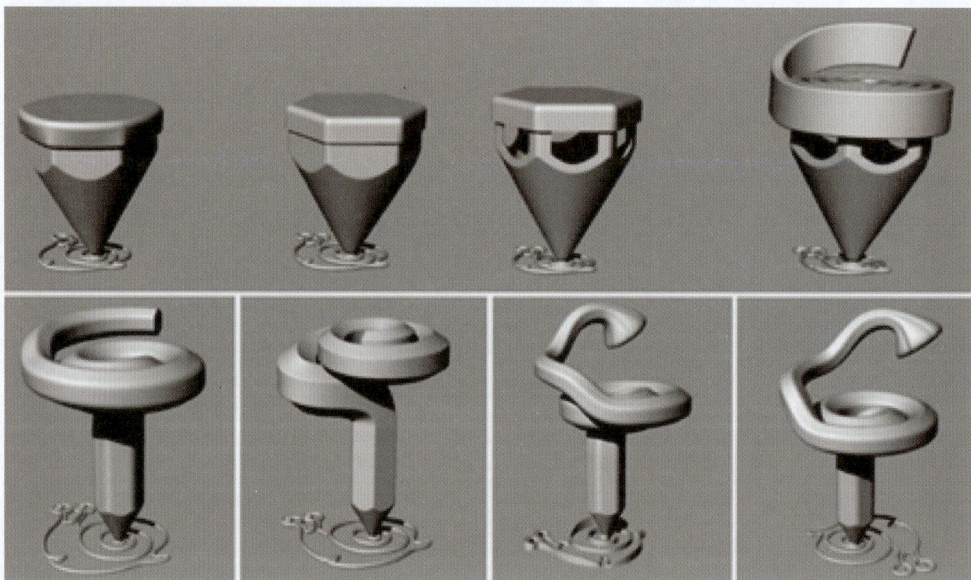

图 7-23C 建模、结构、材质、比例

4. 完成过程

建模过程是设计构想深化与完善的必经之路。在建模中，需协调形态变化、空间架构、比例尺度、材料色彩及座面、底座等元素，使设计构成更具整体性与协调性。

图 7-23D　不同视角、不同光影的渲染效果及三视图

5. 展示总结

课程学习总结

　　"家具设计"课程结束了，在设计的过程中虽然遇到了许多困惑和问题，但是最终一步一步地克服，并收获颇多。前面两个星期画了近20张草图，在画的过程中找灵感，开始时没有什么想法，借鉴已有的椅子的外观，又缺少自己的想法，没什么新意。在给老师看方案的时候，由于没有什么进展，老师也无法从这太少的草图中与我一起分析、探讨，寻找突破点，这让我思考了很多，于是继续画构想草图。在画的过程中，我逐渐有了一些想法，老师在指导选择方案时，对借鉴痕迹很强自我感觉还不错的并不看好，反而对我随意涂鸦的几个简单的形态给予肯定，并与我一起探讨为什么选择这几个图形，老师启发我要用立体的空间思维与视角去看平面，从而找到不一样的感觉。我试着去感受、去表达，真的有意想不到的收获，我

的新方案、新构想得到了老师的认可，我也找到了一个自己喜欢的创意继续深入完善。这次设计虽然修改了很多次，但我也收获了很多，从开始的外观单调，到最后设计既能体现创意，又在形态上有特色的作品。总之，这个课程的学习很有意义，这是一次对专业知识的学习，更是一次看得到的进步。

湖北工业大学

15 产品 1 班 ——江依娜

指导老师：胡雨霞

三、【案例】《百子图》——单一元素的扩展创意构想与设计实践

百子图源于圆环的分割与组合，彰显简单元素的多变性和可能性。简单并非无意义，复杂也不代表好设计，在简单的形态及观念中，设计可以从形态、功能、色彩、材质及工艺等方面着手，探寻事物的多样特性，从而将看似不可能的设计变为现实（如图7-24）。

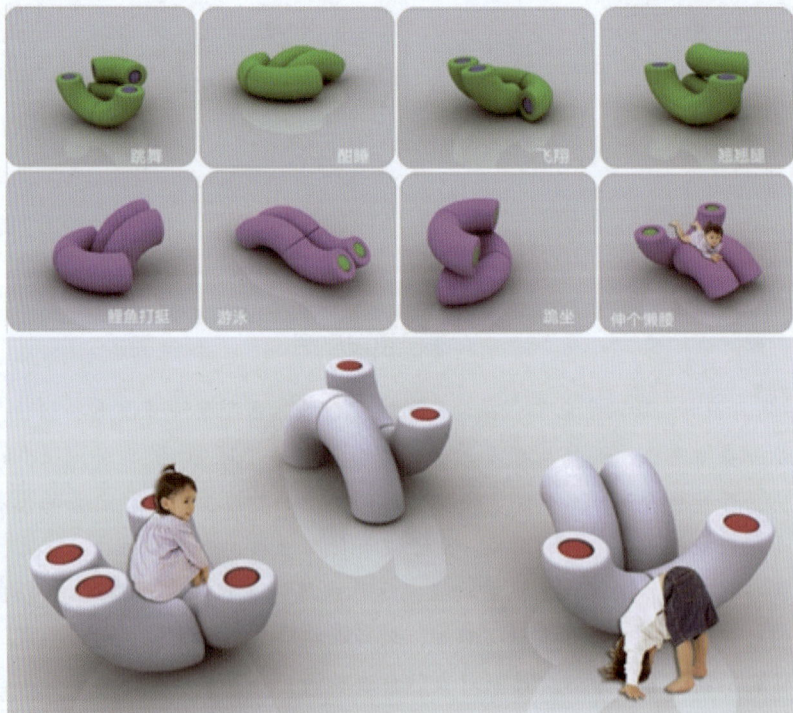

图 7-24

在设计理念方面，百子图椅子设计以单一几何元素为原点，衍生出丰富多变的形态，形成具有童趣和形趣的设计。它契合儿童贪玩、调皮、好动的天性以及好奇、无拘无束的性格，淋漓尽致地展现造型的功能特性、使用特性。"四脚朝天"的椅子仿佛在顽皮嬉闹，"鲤鱼打挺"般的设计彰显活力，"展翅飞翔"的造型透着天真活泼，"甜美酣睡"的款式营造出安宁氛围，百子图椅，百态千姿，其动态和形态语义紧密相连，随性而生，随性互动，激发人们无尽的联想。

四、【案例】"生长"系列坐具——基于参数化建模的有机形态设计实践

设计中的有机形态坐具是效仿自然之美，探索多样形态，以设计语言引导人们与自然对话。人类虽征服改造自然，却也受自然的滋养。

AI人工智能时代，同学们应积极运用前沿的设计软件和智能工具，拓展创意边界，让设计在科技的助力下有更多创新（如图7-25）。

（1）设计分析

设计分析包括对有机形态概念的理解、有机形态美学特征的提炼等，进而总结出一套将抽象的设计方向转化为具体设计应用的实施路径。

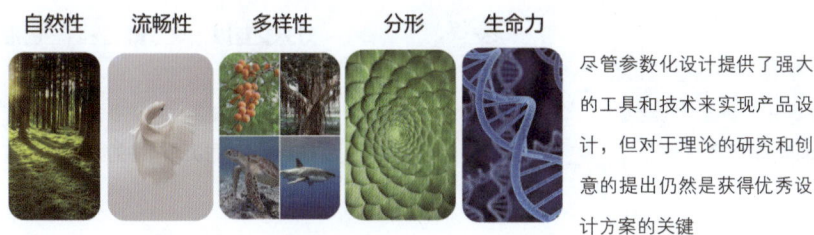

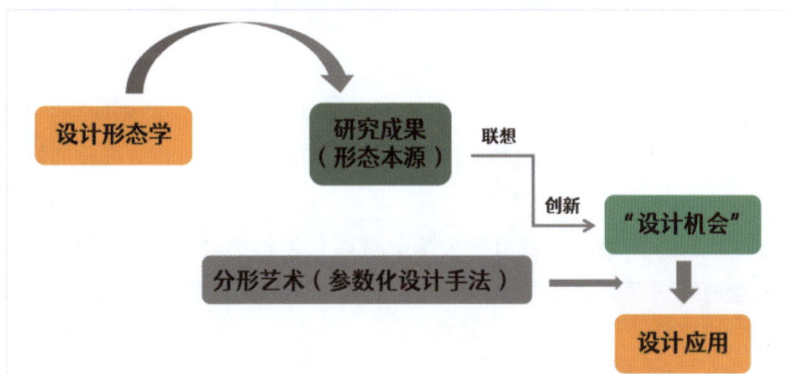

尽管参数化设计提供了强大的工具和技术来实现产品设计，但对于理论的研究和创意的提出仍然是获得优秀设计方案的关键

图7-25A

（2）设计语言

学生一边学习参数化建模软件，一边寻找"生长"设计语言。然而，在制作草模时，由于对软件表现手段的掌握不成熟，导致在形态上缺少突破。当设计遇到瓶颈时，需重新梳理本阶段的设计思路，从源头上查找问题所在。经过分析之后，学生进一步明确了坐具的形态语言，在此基础上，结合目前自己掌握的软件技法，积极探索能够突破形态限制的有机形态坐具成型方式。

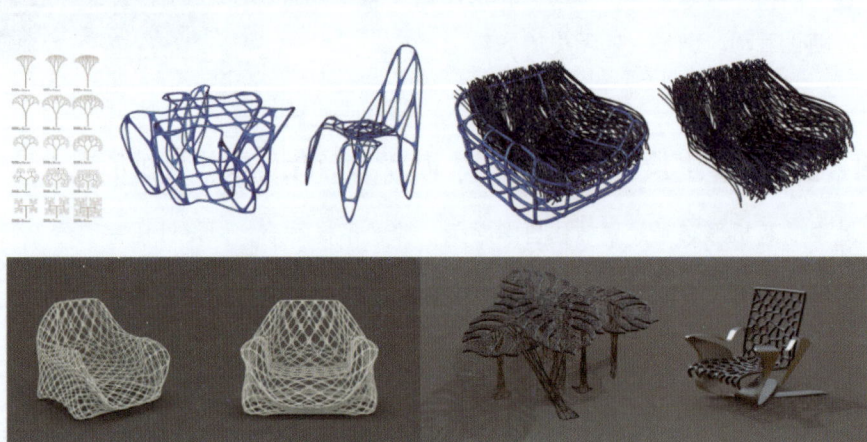

"生长"是动态的过程，设计中加入交互，通过时间+空间诠释"生长"

造型 ➡ **分支分形**造型、呈现**向上趋势**

交互 ➡ 灯光交互以**呼吸灯**和**循环灯效**的形式呈现

呼吸灯模拟**生物的呼吸**

循环灯效模拟动植物的**物质循环**

图 7-25B

（3）设计过程

学生借助 Grasshopper 的 Kangaroo 插件生成如同年轮形态的基础曲线，经筛选后，选择适合成型曲线旋转放样得到 SubD 曲面，再次利用 Grasshopper 对曲面进行网格化处理并实体化。

学生通过本次设计实践，归纳出一套基于参数化建模的有机形态家具的设计方法：参数化生成截面曲线—筛选曲线—曲线放样—参数化网格化处理—网格实体化。

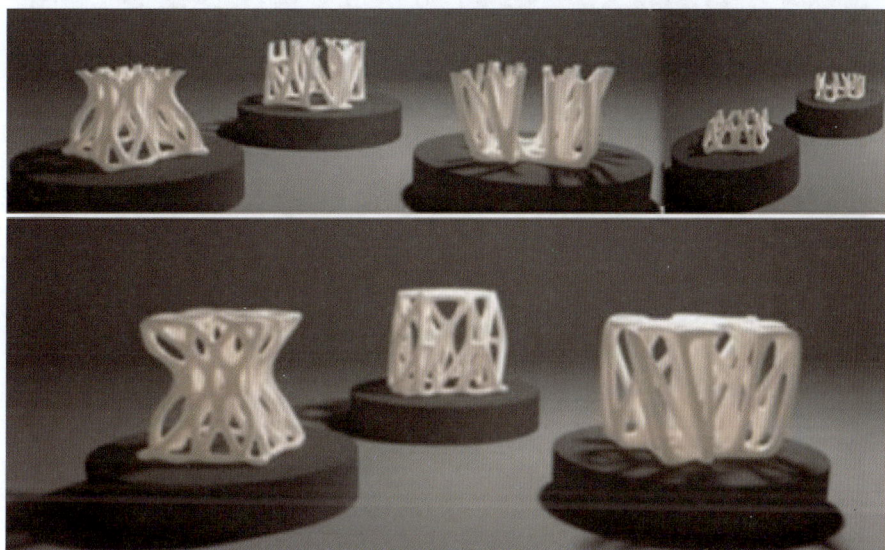

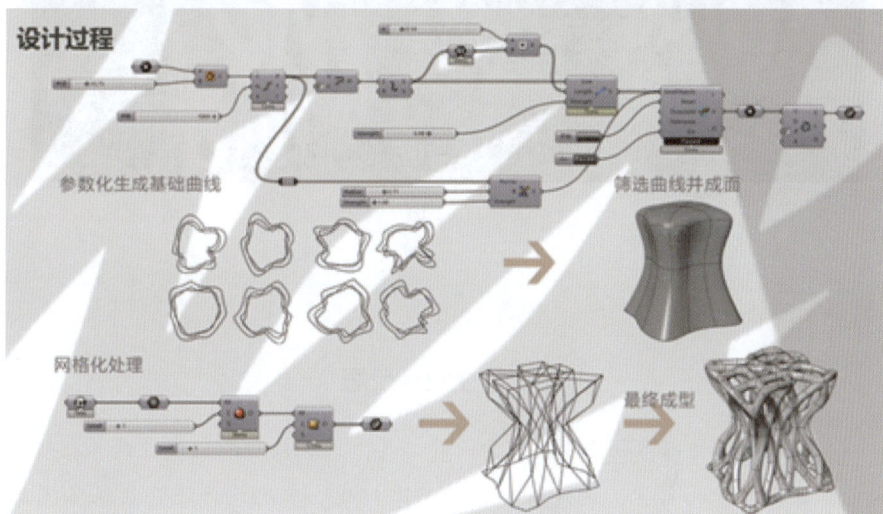

图 7-25C

灯光交互设计巧妙融合 Arduino 单片机技术，将 LED 灯条嵌入坐具空腔内，利用 IDE 编写控制程序，同时在坐具上内嵌热释电传感器和电源接口。当用户靠近坐具时，热释电传感器敏锐地感知到热量的细微变化，随即产生电荷，形成电势差，触发信号。灯光根据控制程序分别呈现出呼吸灯效果和灯光流转效果，以模拟生物体的呼吸和物质循环这两种状态。

图 7-25D

(4) 展示总结

学生设计反思

本次设计课题以参数化设计作为设计工具，初次接触参数化设计并在短时间内进行参数化设计的自学，这是对自我的一次挑战。本次设计还存在很多不足与遗憾，在设计过程中研究了拓扑优化在家具设计中的应用，但始终没能优化出满意的形态，经过复盘与反思，由于对参数化的数据结构了解不足，以及对拓扑优化工具的不正确运用，最终导致了拓扑优化失败。

在最终实物制作准备阶段，从 SubD 模型到多重曲面的转化过程中出现了转化后曲面流畅性降低等问题，均是对参数化工具运用不熟练的体现。

实物制作时，灯光交互效果与设计效果有一定差距，受限于最终坐具复杂的管状造型，灯光位置无法精确控制，且灯光未进行匀光处理，导致实际灯光效果不够均匀。

教师总结评述

对有机形态特点的归纳，需要较强的分析和归纳能力，学生在设计初期深入阅读了大量文献，为后续的设计实践打下了坚实的理论基础。学生在短期内自学参数化软件，通过持续的设计实践，归纳出一套参数化造型应用于有机形态家具设计的方法，体现了学生优秀的自学意识和能力。

武昌首义学院

产品 1901 班、程洁睿

指导老师：王纯

五、【案例】菌生万物——菌丝体复合材料的创新应用与实践

传统设计方法以问题为驱动，关注功能性和形式美学，材料驱动设计则更注重材料创新和材料特性应用，通过科学严谨的方法对材料进行全方位的实验与分析，以此指导设计决策。以材料驱动的设计创新，如对可再生材料、生物降解材料和循环利用材料的开发及应用，有助于推动绿色和可持续的产品设计与制造，拓展新市场和商机（如图 7-26）。

（1）设计背景

菌丝体复合材料是一种创新的生物基复合材料，由真菌菌丝体与其他材料混合形成。这种材料具有可持续性、良好的力学性能、环境适应性、声音吸收性以及可塑性和可变性等优点，目前主要应用于建筑行业、家居产品、皮革织物等制造领域。在具备良好应用前景的背景下，材料能否走入家庭环境，能否通过优化培养流程满足制备需求，并实现家庭自由创造？设计可以通过一系列家庭环境下的材料制备实验和设计应用来论证这一想法。

（2）材料实验

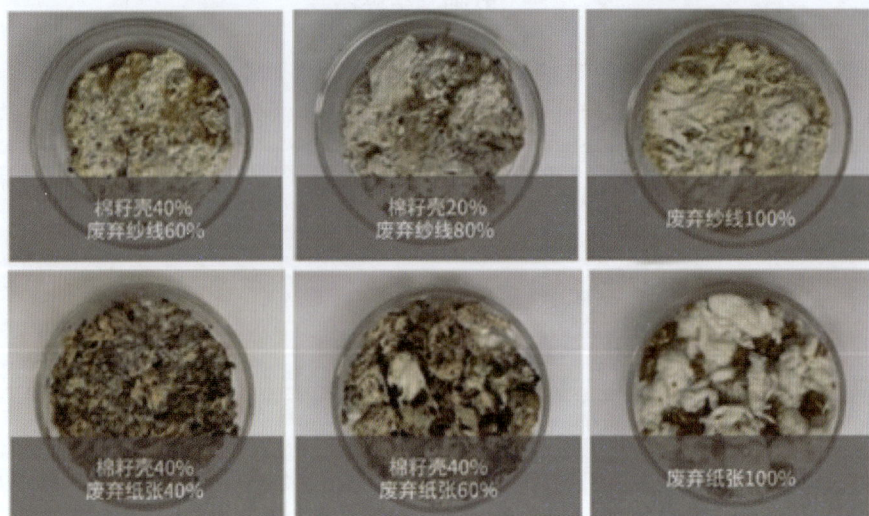

图 7-26A

通过实验发现，以棉籽壳为基底，以80%以下的废弃纱线或40%的废弃纸张作为复合材料时，菌丝生长状况良好，材料容易形成表面菌皮，菌丝连结性较好，材料比较坚硬稳定。若在培养基中加入少量麦麸、蔗糖、淀粉等氮源、碳源，可以显著提高菌的生长速度，使菌丝生长得更加紧密。

（3）成品展示

菌丝体材料在干燥后会缩水，因此，在对菌丝体复合材料进行设计时，应尽量遵循一体成型或者用预制连接物件进行连接。同时，菌丝体材料在细节成型方面表现不佳，因此模具的设计以比较简单的几何形态为主。

菌丝体复合材料硬度较高，模具可选择柔软、易于翻模的硅胶材质，也可以使用日常的废弃纸盒或纸杯进行简易模具制作，缺点是脱模时可能会损坏模具。

模具成型探索▲

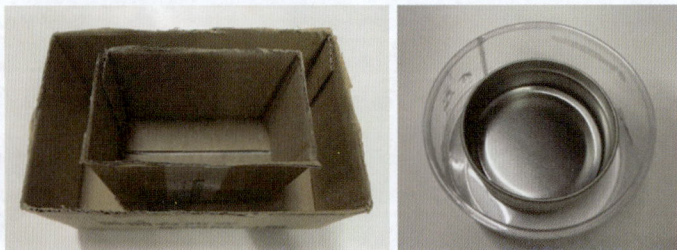

方案与成品▼

图 7-26B

(4) 设计总结

学生设计总结

通过材料实验研究了培养基中加入家庭废弃物料的可行性，对菌丝体复合材料培养流程进一步梳理和优化，总结出符合设计目标的制备材料的方法；基于研究材料，对家居与家具类产品进行设计输出与制作。

接下来将会进一步研究菌丝体复合材料的缩水率，以及保持稳定的缩水率的方法。对家庭废弃物的利用可以增加更多种类，如废弃塑料、厨余废料，提高家庭废弃物的利用率。通过研究，我们可以更加深入了解菌丝体复合材料，并一起促进该材料的进步发展，共同改善生态环境。

教师总结评述

该设计选题符合社会对环境资源可持续的发展需求，研究过程体现出该生对"以材料出发的产品设计"流程掌握良好：其间能够结合大量文献材料和应用案例，总结出家庭场景下菌丝体复合材料制备的方法和流程，完成材料创新实验和产品设计应用。在设计过程中，该生耗费了大量的时间和精力进行材料实验，中途也有过多次失败和方案停滞的时刻，但该生仍锲而不舍地钻研。

如何利用家庭场景下易得的器物制作菌丝体复合材料培养模具；如何引导用户在这一过程中获得良好的体验感，调动用户自主地进行菌丝体应用创作，是该设计研究可继续深入探讨的部分。

武昌首义学院

产品1801班 马士杰

指导老师：王纯

【学生稚嫩又不缺乏创意的设计作品】

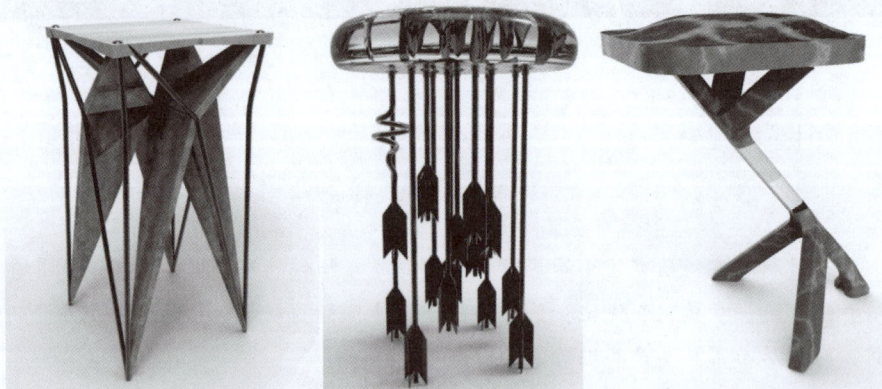

许甜、邓诗杰；李伟豪；陈前、张晶晶（2014级湖北工业大学学生）

指导教师：胡雨霞

刘莎、袁颖知；刘广远；冯媛亮、曹洋(2014级湖北工业大学学生)

指导教师：胡雨霞

陈哲(2006级湖北工业大学学生)

指导教师：胡雨霞

2014级湖北工业大学学生

指导教师：胡雨霞(对传统家具形态的探索)

《星球椅》 《新生椅》 《寝室协作椅》

张雪；伍建德；张烨(2018级武昌首义学院学生)
指导教师：王纯

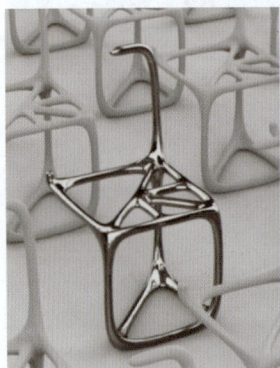

《正襟危坐》 《椅纸》 《Matilian 椅》

程洁睿；毛华奥；翟婧茹(2019级武昌首义学院学生)
指导教师：王纯、胡雨霞

《cocoon break 公共依靠设施》 《SUN 拥抱》 《鲤跃-校园共享座椅》

阴亚峰；尹思奇；陈清清、杨周一帆(2020级武昌首义学院学生)
指导教师：王纯、胡雨霞

　　　　《落叶椅》　　　　　　　　　　《无影椅》　　　　　　　　《蝶椅》
邓锦荟；魏静倩；杨怡（2020级武昌首义学院学生）
指导教师：王纯、胡雨霞、李涛

课程思政

　　（1）全球资源意识：利用全球化的资源进行设计，重视地方性、尊重资源产地属性，并倡导资源的公平分配与使用。

　　（2）文化尊重与交流：研究不同文化背景下坐的需求，体现对各种文化的尊重，提倡文化之间的交流与融合。

　　（3）普适性与包容性：考虑不同年龄、体型、身体状况等人群的需要，体现人人平等的理念，为每一个人提供舒适的坐姿。

　　（4）环境保护与生态意识：使用可回收、可降解或低碳环保的材料，设计出有益于环境的椅子，体现与自然的和谐共生。

　　（5）国际合作与创新：鼓励寻求不同国家、文化背景的设计师或团队合作，共同创新，为"构建人类命运共同体"作出实际贡献。

思考题

可持续设计（椅子设计）
提示：选用可回收或者能重复使用的材料进行设计（废报纸、可乐罐、废旧零件等）。

第八章　家具设计与市场

【重点】

通过对各类信息的收集，了解中国原创家具品牌及原创设计师们站在国家的角度，关注家具的发展趋势和创新方向。

【难点】

掌握家具市场趋势和创新方向，需要对市场动态和设计趋势进行深入了解。

第一节　设计与市场

设计的宗旨是为人服务，它面向的是有形与无形的市场，这里以中国设计及设计市场所呈现的潜能与张力为研究对象，从学习设计的角度了解和解析中国原创家具设计师们的设计理念与特色，从而感知中国设计的本质，唤起民族应有的自信。

中华文化源远流长，如何将我们自己的文化融入当今的生活中，用原创设计树立自己的民族品牌，是学习设计的我们必须思考和重视的，设计与市场相结合，是解决设计脱离市场、市场无设计的弊端，突破市场激烈竞争的关键。

1. 现今中国名品牌家具

中国名品牌家具是指以中国家具设计与中国制造所呈现出的，符合生活、学习需求的办公家具、儿童家具、实木家具、板材家具、竹材家具等，它们代表性了中国家具设计与制造的高水平。如红苹果（中国香港）、林氏家具（中国广州）、造作（中国北京）、曲美（中国北京）、美克美家（中国新疆）、掌上明珠（中国成都）、双叶（七台河）、皇朝（中国香港）、宜家（中国投顾有限公司）、联邦（广州）、全友家居等。

（1）红苹果（中国香港）

国内最知名的家具品牌之一，有"板式家具霸主"的美誉。红苹果制造工艺及用材优质、做工精良，在产品品质、环保、使用寿命上有较强的竞争力。

图 8-1 红苹果家具设计

（2）林氏家具（广东广州）

综合性的家具品牌，涵盖家居空间的睡眠类、婴童类及全屋定制家具，提出标准定制概念，打造年轻化、潮流化的现代家居生活特色。

图 8-2 林氏家具设计

（3）造作（中国北京）

中国原创设计家居品牌，设计新颖，团队实力强，产品均由国内一线工厂制造，拥有业内独家5级透明品控和自有实验室进行双重检验，全程把控产品品质。

图 8-3　造作家居

（4）曲美（中国北京）

1999年成立的曲美国际设计联盟，是国内首家弯曲木家具及配套家具企业，拥有世界一流的板式家具生产线和实木家具生产线，其工艺精湛，使用寿命长。

图 8-4　曲美家居

（5）联邦（广东佛山）

国内最早一批民营家具企业，以原木家具打开市场，以设计领先，在发展中自觉求解本土企业品牌和价值链的成长之道，被誉为中国民营企业发展的常青树。

图 8-5　联邦家居

（6）皇朝（中国香港）

北京 2008 年奥运会生活家具独家供应商，深圳 2011 年世界大学生运动会赞助商，注重家具品质与环保，营造温馨、幸福、健康的家庭环境。

图 8-6　皇朝家俬

（7）北陌家居（浙江宁波）

不追求花里胡哨的花边浮雕装饰，不强求个性的艺术造型，简简单单、四四方方，用自然的木质纹理打动人。追求诚信、重视品质质量，定位中高端户外家具，采用国际前沿工序，十年匠心工艺保证每一件家具的品质。

图 8-7　北陌家居

（8）顾家（浙江杭州）

综合型家居品牌，有比较完整的涵盖高中低档的家居品牌线。公司产品设计研发中心被列入"国家级工业设计中心"，不仅是家居产品，而且正在转型成为综合家居运营商。

图 8-8　顾家家居

（9）美克美家（广东佛山）

海归品牌，被誉为家具行业的"大疆"。公司依托家具制造业走向国际市场，并成为目前我国较大的家具出口企业之一。

图 8-9　美克美家

（10）掌上明珠（四川成都）

全屋家居服务品牌，重视数字化变革，实现智能化、标准化、自动化工业制造。在销售、采购、库存、财务、制造、质量六个关键环节实现数字化管理。

图 8-10　掌上明珠

2. 中国家具原创优秀设计师

当今中国原创优秀设计师有石大宇、袁媛、张克非、陈向京、吴腾飞、朱小杰、侯正光等。

国际知名华人设计师
"清庭"创始人、创意总监

(1) 石大宇——尊重传统、遵循自然

石大宇钟情于竹与天然材质，致力发展根植于中华文化的设计观，将材料、工艺、精神内涵等合为一体，对应环境保护及人与自然的和谐，从自然与传统中汲取精华，激发灵感，探索解决现代生活中存在的问题。

以"竹"为材的系列设计，代表作品有"椅君子""椅逍遥""椅刚柔"，作品具有国际设计视野，国风神韵，将中华文化的代表性、"竹材"刚柔的自然品质延展性及蕴含的中华人文哲思与情感完好地表达出来。

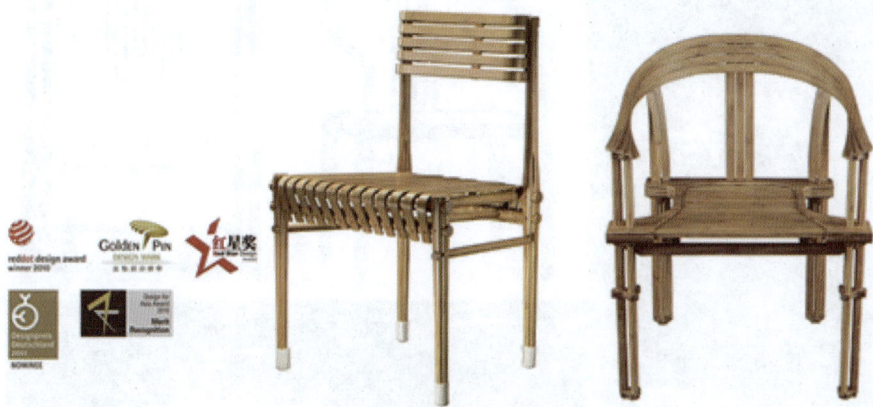

图 8-11 石大宇家具设计

（2）陈仁毅——传统并行的当代设计

春在创办人、设计总监
雅典襁艺术品管理顾问公司执行长
"台北故宫博物院"文化与创意产业讲师

陈仁毅的家具作品有着中国古典家具的隽永之意，同时能够舒展地融合于当代空间，是传统文化和当代需求的适度结合。他对当代中式家具设计见解颇深，如创新不能脱离传统。家具可以有千奇百样的想法做法，可其中的意义不同，"当代设计"跟"当代中式设计"，其差别在于想延续、传递的是什么样的价值。当代中式家具设计是在传统中不断进步和发展来满足当代需求。再如传统手工艺与当代设计的结合需"适度"而行，可以是为了满足功能，可以是为了表现当代性和提高家具的舒适度，有时候是为了延续品位和文化的记忆，所以需要综合考虑。

图 8-12 陈仁毅家具设计

(3)张克非——天成之美、顺物自然

鲁迅美术学院工业设计学院教授、硕士研究生导师
鲁迅美术学院家具工作室创始人克非设计主理人、家具设计师

　　善于在大自然的造物中提炼形态元素，追求自然浪漫的线条和细节的完美。以材料为载体，用不同的质感、颜色和肌理来表现作品的语义。对高难度的工艺追求做到精雕细琢、一丝不苟。

　　张克非以对生活方式的思考作为每次设计的切入点，他认为作品不可能去满足所有人的需求和喜好，人群的定位是设计的前提，在一定人群范围内思考需要解决的问题，这就是设计的针对性，就是选题。

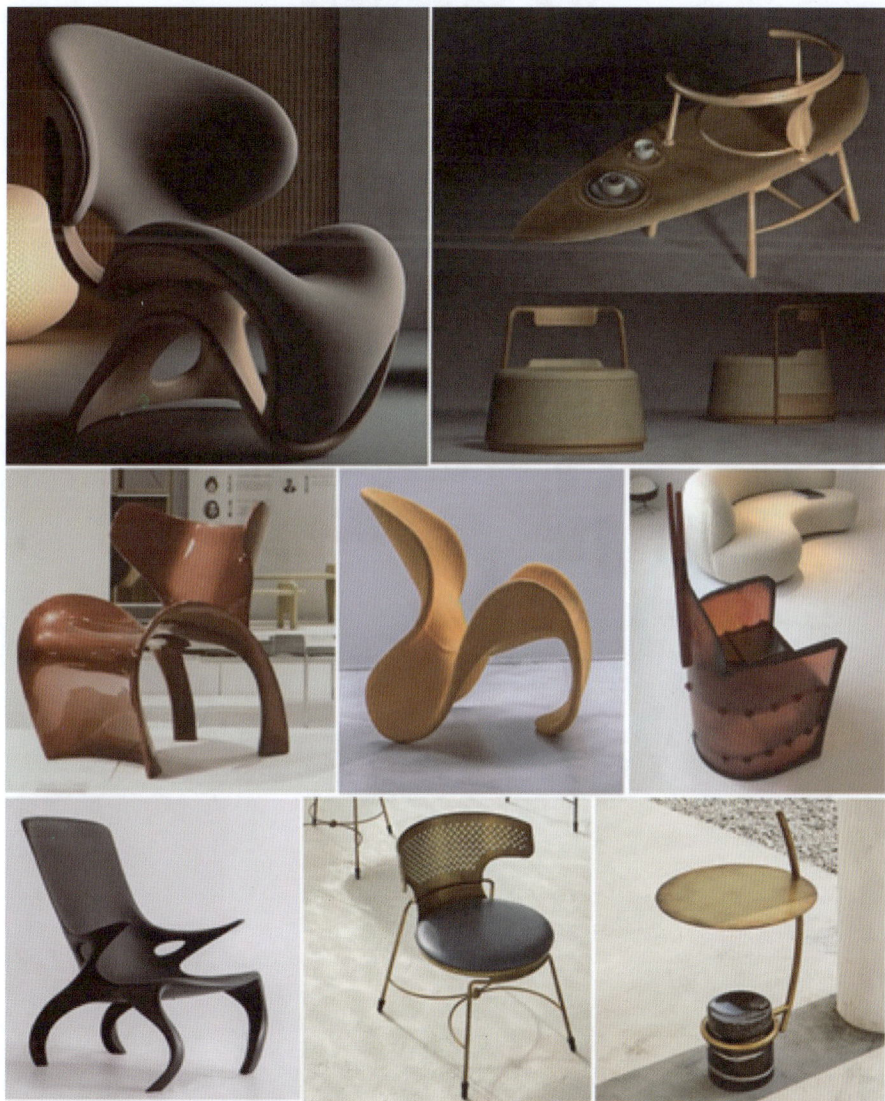

图 8-13　张克非家具设计

（4）朱小杰——孜孜不倦一匠人　幽明隐显一匠心

澳珀家具公司创始人、艺术总监
温州家具学院院长

朱小杰的自我定位是石匠、木匠、钳工、手艺人，认为设计师和匠人不分家，常以传统哲思辨设计之本，以自然为根，造就美与实用的并存。作品尽力展示材质美、结构美，如顺应木材加工中端面断裂的"意外之喜"，随形而造的《伴侣几》，使材料以其最原始的状态继续伫立。

图 8-14　朱小杰家具设计

（5）江黎——匠心与诗性

中央美术学院教授、D9 工作室主持人
第一届至第七届"为坐而设计"大奖赛"中国实验家具设计"策展人

　　江黎的作品呈现出非传统的家具设计风格，强调概念和观念表达，而不仅仅是实际使用价值，这种在传统工艺技艺上的继承和超越传统框架的表达，将观众从常规的家具期待中解放出来，引发对美学、文化和意义的联想与思考。

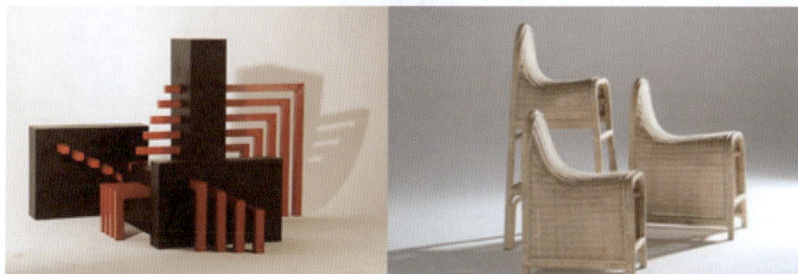

图 8-15　江黎家具设计

（6）陈旻——用设计讲中华符号

陈旻设计事务所设计师
neooold 发起人、策展人
清华、同济、央美、国美大学客座讲师

　　陈旻致力于将设计、艺术与工艺三者相结合，他认为设计和语言一样，有属于它的起点、深度和历史特性，他希望通过设计找到属于中国的语言。

图 8-16　陈旻家具设计

(7) 张雷——解构传统工艺与材料　悦己以悦人

品物流形 PINWU 和融设计图书馆创始人、主设计师"From 余杭"计划发起人

张雷是年轻一代的设计师，致力于研究和解构传统手工艺与材料。他认为，一个好的设计先要能愉悦自己，才能去愉悦别人，你知道你想要的生活，你才知道你需要的设计。

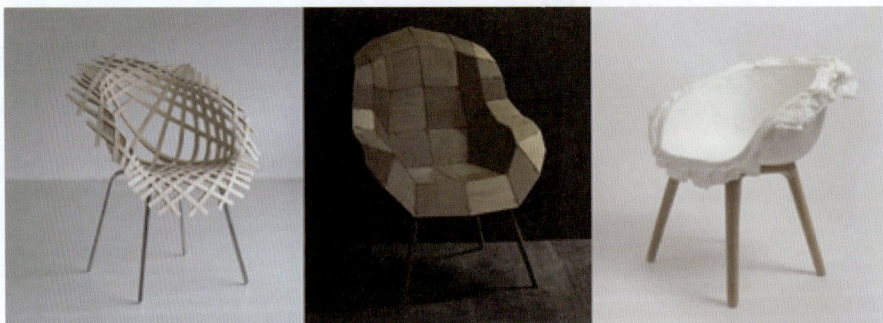

图 8-18　"飘"——以杭油纸伞的糊伞工艺制作的椅子

第二节　中国原创家具设计师及家具品牌

结合收集到的信息，我们列举几个典型的原创家具品牌，一起了解和认识我们身边优秀的设计及设计者的初心与坚守。现今中国的家具设计领域有很多在传承中勇于挑战与探索的设计人才，他们根植于中国传统文化、传统工艺及天人合一、自然和谐的理念，以新的科学技术、材料工艺等先进的设计理念，引领并引导着我们对物的认知与对物的可持续再设计。

1. 木美(Maxmarko)2010——中国本土原创品牌

定位"中国风"，以"和而不同"的设计理念，强化金、木、水、火、土融合，强化新技术、新工艺的融合，寻求事物发展的规律，并将其提炼融合以成百物。设计延续中国传统的美学去塑造当代需求，在创意、构造、用材及审美、情趣、颜值上诠释家具的语义及特色。

创始人为知名设计师陈大瑞，2010 年木美独立家具品牌成立，木美家具研发中心旨在探索、创造真正独立且富有时代特性的中国家具。

图 8-19 木美家具

2. U+2008——"善意之美、精致生活"

U+2008 倡导热爱生活，致力于将中国传统文化与现代设计相结合。设计师沈宝宏，出身木匠世家，骨子里透出对木头的喜爱，拒绝苟且的生活态度，用自己的矜持去影响对生活该有的态度，用设计行动去坚守该有的执着。

图 8-20　U+家具

3. 梵几 2010——扎根于中国属于我们自己的独立品牌

"梵几"字意为清净、寂静，蕴含禅意的朴素、清雅安宁，设计理念"取生长于野、造安于室"，追求生活与自然的和谐。在造型上追求简约、安稳；在用材上，以木材的黑胡桃和白蜡木为主，自然和谐；在工艺上，人工精细打磨，不急不躁。

图 8-21　梵几家具

4. 十二时慢 2015——以中国文化为核心，传承中华审美语境

十二时慢即一天的十二时辰之意，且每一时辰对应一个生活的空间区域，品味国人自己一方自在、一刻闲暇的慢生活方式所创造的物化生活空间形态特征。

图 8-22　十二时慢家具

5. 弄子里茶生活家具2008——知者造物，巧者述之、守之

设计师余昊，从设计之初一直思考"如何更好的展示"，一方面是家具自身独立的美；另一方面又是映衬存放器物及使用体验的美，彼此相互作用，感受、享受融入其中。设计流畅简约，雅致精细，有空灵缥缈感，设计注重生活品质与细节，用最少的材料设计最好的家具，用最好的工艺还原最朴实的生活状态，并从中感受东方文化的安宁与雅韵。

图8-23　弄子里茶家具

6. 吱音 ziin life——温暖的意外、简约而有趣的生活态度

以创新驱动创造，以设计解决问题为前提，抛弃无用的过度设计，在细节中展示生活的乐趣与甜美，设计以单品见长，每一件家具都具有独特的造型美感。

图 8-24　吱音家具

7. 半木 2006——取半舍满，从容之道

"半"即可扩展的空间形态及对生活的平和态度，"木"即物的形态及所感知的生命生长特性，"半木"蕴含物质与精神的平衡。创始人吕永中，在现今喧闹的都市生活中寻求一份宁静，在时间与空间的维度中寻找设计与生活的合适点，探索属于国人的新生活方式与精神追求。

图 8-25　半木家具

8. 璞素 2011——返璞归真

该品牌设计注重继承与开创，致力于营造当代文人家居生活艺术。设计风格涵盖了古与今、东与西，细中藏趣，寓繁于简。希望以现代设计的手法，再度传续文化的深意，并将之融入日常生活。

图 8-26　璞素家具

9. 素殻 SUREECO——行云流水、海纳百川、落地生根

该品牌立足于东方造物智慧，善于在审视与提炼之后，用最符合当代人居理念的设计手段，打造最富古典韵味的家具，以重塑属于东方人的美好设计风格。

图 8-27 素殻家具

10. 上下家具 SHANG XIA——承上启下、传承创新

该品牌立足于当代中国时尚与生活美学，尊重文化并锐意创新。上下家居系列始终遵循中华美学理念，在设计创新中以生活为主，兼具实用性与艺术性的创造。创意总监孙信喜致力于创造出根植于中国传统、面向国际而又属于当代中国的国际化品牌。

图 8-28　上下家具

课程
思政

　　中国的原创家具设计师和设计品牌扬名于国内，也在国外市场崭露头角，他们的设计作品展现了中国文化的沉淀和创新，为中国文化在国际舞台上树立了独具魅力的形象。同学们应认识到文化传承和创新在家具设计中的关键作用，结合当前的市场趋势，包括对消费者偏好、家居生活方式的变化和数字化市场的理解，思考如何在中国的文化和市场中寻找灵感。

思考题

　　(1)选择一个现今中国家具品牌进行深入研究，分析其成功因素、市场定位和设计风格。

　　(2)选择一个现今中国家具原创优秀设计师，探究其设计理念、作品特点以及在市场中的影响。

　　(3)分析中国家具市场的发展趋势，提出你认为有潜力的家具创新方向，并撰写一份报告或提案。

附录 家具设计教学课程

　　"家具设计"课程是产品设计专业及环境设计专业的一门必修课程，通过专题类的学习，从理论上了解家具设计的发展特性及概念；从设计应用上掌握技术、工艺、材料、结构、比例尺度的基础特性；从设计的程序与方法上，形成对规律的认知、表达的严谨及设计呈现的可行性；从设计创新上以培养兴趣、激发潜质、增强技能、审美视野，创意与技能双修去引导，为后续的主题类、专题类等其他类型的设计起到促进作用。

【教学目的】

　　"家具设计"是产品设计中的一个重要设计方向，需综合运用多方面的专业基础知识来进行设计，与室内设计、陈设设计有广泛的联系，同时对技术、材料、结构等方面的工艺要求较为严格。本课程的学习要求：①加强学生对家具发展状况的了解、掌握家具设计的特点和内容；②进行有重点、有目标的基础训练，在设计理念、市场调查、环境空间、材料工艺等方面形成一个完整系统的认知；③开阔学生审美视野及创造性、应用性的设计能力；④强化学习设计的目标与职责，即设计引领生活、设计服务社会的责任意识。

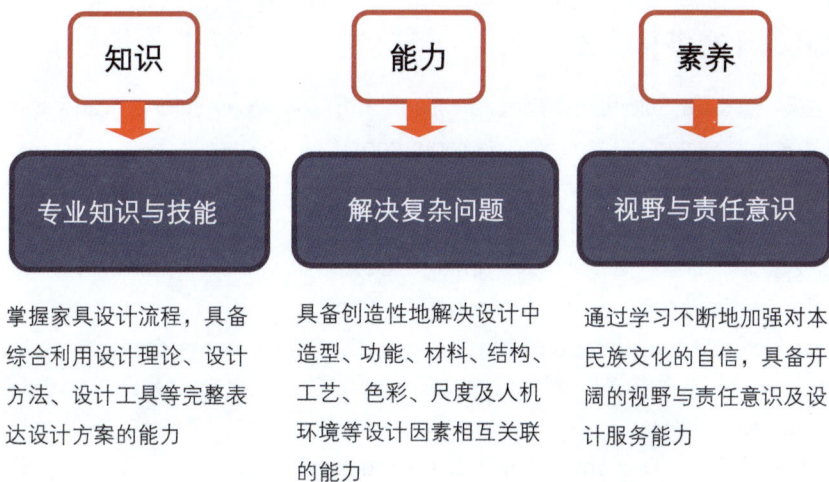

知识	能力	素养
专业知识与技能	**解决复杂问题**	**视野与责任意识**
掌握家具设计流程，具备综合利用设计理论、设计方法、设计工具等完整表达设计方案的能力	具备创造性地解决设计中造型、功能、材料、结构、工艺、色彩、尺度及人机环境等设计因素相互关联的能力	通过学习不断地加强对本民族文化的自信，具备开阔的视野与责任意识及设计服务能力

【教学方法】

(1)理论讲授：基本概念、定义、规则及方法，较系统地了解与领悟家具设计的要义。

(2)调查分析：通过各种途径进行资料的收集、资讯的归纳，寻找设计的兴趣点与突破点。

(3)创意引导：以设计服务社会为目标，洞察设计可解决的问题，聚焦真实的对象。全过程的课堂引导，进行分析交流、方案讲述 、讲评指导。

(4)设计实验：理论+实验+实践，形成"校内+校外""课内+课外"的教学模式，确保成果的真实性，落实成果的转化。

(5)展示评述：将全过程的设计进行整理，展示并汇报。

启发式	体验式	互动式
发现问题 点拨辅导	校内校外 现场教学	交流讨论 讲述讲评

【教学评价】

生生互评(30%)——在每一过程中进行讲述交流，时时关注自己的学习状况和同学间的学习状态，构建一个和谐互助的学习氛围，促进共同的成长。

教师点评(40%)——时时参与学生的交流，并作为与同学们一样的成员，给出自己的观点与建议，形成教与学的合力特性(阶段性的点评)。

社会评价(30%)——形成"学生+教师+企业导师"的多元引导与评价机制，更好地体现创新应用的协同特性。

【家具设计赛事】

[1] 米兰国际家具展/ Salone del Mobile Milano, https://www.salonemilano.it/en.

[2] 中国家具设计金点奖（https://gida.jiagle.com）.

[3] 美国《室内设计》杂志年度最佳设计奖/ Interior Design's Best of Year Awards（https://interiordesign.net）.

[4] 新加坡家具设计奖/ Singapore Furniture Design Awards（https://www.singaporedesignawards.com）.

[5] Archiproducts Design Awards（https://awards.archiproducts.com）.

[6] 意大利 A' 设计大奖赛/ A' Design Award & Competition（https://competition.adesignaward.com）.

[7] 德国 IF 设计奖/ iF Design Award（https://ifdesign.com/en）.

[8] 德国 IF 学生设计奖（微信公众号：iF DESIGN ASIA）.

[9] 德国红点设计奖/Red Dot Award（https://www.red-dot.org）.

[10] 日本 G-Mark 设计奖/Good Design Award（https://www.g-mark.org）.

[11] 金芦苇工业设计奖/Goldreed Industrial Design Award（https://www.goldreedaward.com）.

[12] 金点设计奖/Golden Pin Design Award（https://www.goldenpin.org.tw）.

[13] 全国大学生工业设计大赛（https://www.cuidc.net）.

[14] 华笔奖（广东省家具协会 http://www.chinagdf.com.cn）.

参 考 文 献

[1][美]唐纳德·A·诺曼. 情感化设计[M]. 付秋芳，程进三，译. 北京：电子工业出版社，2005.

[2]赖声川. 创意思维[M]. 北京：中信出版社，2006.

[3]韩挺. 用户研究与体验设计[M]. 上海：上海交通大学出版社，2016.

[4][英]伦敦设计博物馆. 50 把改变世界的椅子[M]. 周志，译. 北京：中信出版社，2010.

[5]王世襄. 明式家具珍赏[M]. 北京：文物出版社，2003.

[6]许美琪. 西方现代家具史论[M]. 北京：清华大学出版社，2015.

[7][美]亚伯拉罕·马斯洛. 马斯洛需求层次理论[M]. 北京：中国青年出版社，2022.

[8]王受之. 世界现代设计史（第 2 版）[M]. 北京：中国青年出版社，2015.

[9]陈慎任. 设计形态语义学[M]. 北京：化学工业出版社，2005.

[10]吕胜中. 造物原本[M]. 北京：北京大学出版社，2009.

[11]周至禹. 思维与设计（第 2 版）[M]. 北京：北京大学出版社，2016.

[12]胡雨霞. 创意思维[M]. 北京：北京大学出版社，2016.

[13]魏靖野，张克非. 家具设计［M］. 北京：北京大学出版社，2022.

[14]梁小雨，胡雨霞. 三大构成［M］. 北京：北京大学出版社，2021.

[15] CDC 中国设计中心（https：//www. chinadesigncentre. com/cn/）.